總算竣工！
不需要空調的家

風道之家
東京都國分寺市

位於東京都的小住宅。陽台
設置移動式屋簷，可依夏天
或冬天，控制最適當的日
照。還設計了一條通風路
徑，能在炎熱夏日有效引入
從南側竹林吹來的涼風。

協力設計：archi-air（二瓶涉）・ymo（山田浩幸）Team-low energy house project

金石西的住宅
石川縣金澤市

在日照時間比較短的金澤市內，追求最能有效引入冬陽的方法。藉由改變屋頂與窗戶形狀，總算得到最佳效果，不僅能阻隔夏天刺眼的陽光，還能引入溫暖冬陽，屋頂的最佳角度與長度都是經過縝密計算。

協力設計：NAKAE ARCHITECTS（中永勇司）‧ymo（山田浩幸）

這棟住宅建於盆地特有的夏熱冬冷,環境十分嚴苛的地方。
設於建築物南側的陽台(獨立空間)能有效阻隔夏天刺眼的
陽光,朝北的天窗設計主要是為了通風。

Y 邸
山梨縣甲府市

協力設計:MISAWA HOME東京・ymo(山田浩幸)

攝影：永妻亞矢子

湧水之家
滋賀縣東近江市

這棟占地不小的宅邸，建於流經琵琶湖的日野川邊。夏天利用「輻射板」促使地下水循環形成自然空調，冬天則是將陽光蓄積天花板內，循環成輔助暖氣。這棟住宅也成了附近親戚與小朋友的歡聚之所。

協働設計：ケミカルデザイン（奧村俊慈）・ymo（山田浩幸）

住沒有空調的房子 [好評改版]

蓋房子必知的不依賴空調的法則，
活用科學知識、巧妙布局空間，
打造會省荷包的好房子！

山田浩幸
YAMADA HIROYUKI

前言

越來越多人希望過著盡量不使用空調的生活，不僅新宅設計時，會特別注意這一點，就連老屋翻修時，不分男女老幼，也有很多人希望住在「不需要空調的家」。

基於兩個理由。

一是，空調容易引發身體不適。

空調絕對不是能打造舒適環境的工具，而且用法稍有誤，便容易引發皮膚乾燥、喉嚨痛等不合時節的感冒症狀，成了導致身體失調的原因。相信不少人都有這般痛苦經驗。於是考量自己與家族的健康，決定「盡量不使用空調」。

有趣的是，絕大多數希望過著不需要空調生活的人，對於靠機械半強制地營造出的「舒適感」，均異口同聲表示「不合理」，並認為「要想打造一處真正舒適的室內環境，應該使用別的方法」。明明是夏天，卻因為冷氣太強，必須披件薄外套；冬天則是暖氣太強，必須穿短袖。之所以出現這般不合理的行為，是因為「打造舒適環境的方法」根本不對，所以「不需要空調的家」成了一大訴求。

不使用空調的另一個理由是為了節省電費，當然也是受到東日本大地震的影響。大家都知道空調是耗電量非常大的家電用品，震災之後更是加強宣導「節電生活」，不少人乾脆藉此改變生活型態，不再過度依賴空調。其實只要每個家庭減少使用空調，整體用電量便能大幅下降。

那麼不使用空調的住宅，究竟是什麼樣的住宅呢？
答案就是建於沒有空調，沒有電力時代的建築物。

從古至今，我們的房子就是根據當地特有風土搭建而成，充分活用當地的自然力，因此建築物充滿如何打造出冬暖夏涼的老祖宗智慧。現代人重新審視這些智慧與功夫，結合最新技術與建材，打造出真正住得舒適，有益人體健康的住宅，我稱它為「不需要空調的家」。

雖說是「不需要空調的家」，但並非完全不使用電器。必要的時候，夏天還是要搭配電風扇驅散熱氣，冬天則是使用暖爐保持室溫，也就是恰如其分地使用一些輔助工具，營造更舒適的生活環境。總之，本書的發想就是打造不要過於依賴電器的住宅。

關於具體的做法，分為作為前提的「自然的原理原則」，以及實際範例等兩大部分來說明，希望能讓大家有所了解。

因為希望能讓沒有相關建築知識的讀者朋友也能理解，因此說明部分力求簡單明瞭，也許同業人士覺得本書內容「說明稍嫌簡略」，但個人還是希望以清楚易懂為優先考量，還請海涵。

接下來，就請各位閱讀本書，了解如何打造不需要空調的家，首先就從「為何使用空調」這一點開始討論吧。

2011年6月

山田浩幸

住沒有空調的房子

蓋房子必知的不依賴空調的法則，活用科學知識、巧妙布局空間，
打造會省荷包的好房子！

contents

前言 7

什麼是真正的舒適？

(1) **第一步……** 由 6 人小組決定住宅的舒適度。.................... 14

(2) **什麼是熱？** 一派我行我素的保鑣。.......................... 18

(3) **有效控制熱的方法〔隔熱〕** 球門前可不能空空如也……。...... 22

(4) **有效控制熱的方法〔換氣〕** 團體旅遊就是去大家想去的地方。.... 28

(5) **什麼是溼氣？** 愛湊熱鬧的傢伙全圍上來，又溼又黏的感覺真討厭！ 32

(6) **什麼是氣流？** 隨時勉勵自己奮發向上。...................... 36

(7) **如何對待氣流** 沒有出口的迷宮。........................... 40

(8) **什麼是輻射？** 熱血男兒的生存之道。........................ 44

(9) **如何對付輻射** 若只有玻璃，就只有投降的份兒了。............ 48

(10) **揭開電力的真面目** 到頭來大家都一樣……。................. 54

(11) **電力的缺點** 勤奮過頭的二人組。........................... 60

(12) **正確的省電方法** 家裡也要大刀闊斧地裁員。................. 64

(13) **空調的廬山真面目** 同樣的遊戲玩久了，也會累啊！.......... 70

(14) **太陽能的實際效用** 救世主真的出現了嗎……？.............. 76

(15) **想像沒有空調的世界** 試著關掉空調。...................... 80

Column **HOW MUCH！完全自宅發電的家** 84

如何打造不需要空調的家

風從哪裡引入？ 風道之家 88

屋頂形狀與日照的關係‐ 金石西的住宅 92

徹底活用日照的熱 Ｙ邸 96

太陽、風以及井水 湧水之家 98

找對方位很重要 KISIRU 本社 100

① **配置與形狀** 確保建築物南側留有空間 102

② **屋頂** 蝴蝶狀屋頂真的最理想嗎？ 108

③ **窗戶〔日照對策〕** 以冬天為基準 112

④ **窗戶〔通風對策〕** 窗戶是決定一切的關鍵 118

⑤ **挑高空間與樓梯** 「豎坑」是最推薦的一種空間設計 ... 124

⑥ **起居室與拉門** 既能確保隱私，又能讓空氣流動順暢的方法 ... 130

⑦ **室內會用到水的地方** 換氣功能做得好，舒適程度一定高 ... 136

Column **外走廊是第四張王牌** 142

資料來源・計算基準 144

後記 146

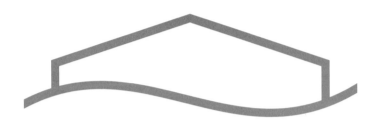

什麼是

真正的舒適？

第一步……

由6人小組
決定住宅的
舒適度。

為何使用空調？因為想讓室內環境舒適些。那麼，什麼是舒適呢？我想一般人恐怕很難馬上回答吧。請放心，就算詢問相關專業人士，也無法立即回答。「所謂舒適，就是形成溫熱環境的各種要素保持平衡狀態」。

形成溫熱環境的因素，就是影響人類體溫調節的6大因素，也就是溫度、溼度、輻射、活動量、穿衣量等。只要這6大因素均衡地朝「舒適」方面整合，就是一處讓人感覺舒適的環境。所謂「不需要空調的家」，就是能夠高度掌控這般均衡感的家。接下來，逐一說明決定舒適度的6大要因。

決定「舒適度」的4人＋2人

「營造舒適的室內環境！」是一句耳熟能詳的宣傳標語，但一般人卻對形成「溫熱環境的 6 大因素」一無所知。溫度、溼度、氣流、輻射等 4 項是設計住宅時，必須考量的因素，另外 2 項（活動量、穿衣量）則是受到生活型態左右的因素。

溫度（熱）先生
也就是氣溫。室內溫度越高就越熱，越低就越冷，這是理所當然的。

溼度（溼氣）先生
也就是空氣中的含水量。含量過高，就會覺得不太舒服，適度的含水量能讓人覺得舒適愉快，相信你對這種感覺一定不陌生。

氣流先生
也就是空氣的流動、風。從微風到暴風，風的強弱程度也是決定舒適度的因素。

輻射先生
經由電磁波傳遞的熱能。輻射先生存在於地板、牆壁、天花板、家具等室內各處。即便室溫適中，「輻射溫度」過高，也會讓人覺得悶熱。

活動量與穿衣量
即便是寒冬，只要做完激烈運動就想脫掉上衣般，身體的活動也會影響溫熱程度，也就是活動量。穿衣量則是指穿的衣服種類與件數。好比天氣炎熱時，一脫掉上衣便覺得涼快許多，從皮膚表面發散的熱量也是左右舒適度的因素。

體感溫度與不愉快指數

一提到表示舒適程度的指標，或許體感溫度與不愉快指數，比前述 6 人小組更廣為人知。體感溫度不同於溫度，是指人體實際上感受到幾度 C，分為兩種測量方法。

利用氣溫與溼度的測量方法

· 若氣溫高於 10℃，溼度越高，越覺得熱
· 若氣溫低於 10℃，溼度越高，越覺得冷

稱為「missenard 的體感溫度」。

高於10℃時
熱

低於10℃時
冷

溫度上升

利用氣溫與風速的測量方法

· 隨著風速 1m／秒，體感溫度下降 1℃

稱為「linke 的體感溫度」。

1m／秒　　　－1℃

好涼啊

Missenard 的改良版有考量到風速的影響

Missenard 的體感溫度有所謂「改良版計算公式」，也就是加入風速的考量。譬如夏天時，即便氣溫相同，一旦溼度偏高，沒有風的日子也會覺得比實際氣溫來得熱，體感溫度就是將形成溫熱環境的 3 大因素，以具體公式表現這樣的感覺。

怎麼不讓氣流加入呢？

不夠準確的不愉快指數

所謂不夠準確的不愉快指數，是指 1959 年由美國發想的一項數據，也就是表示「悶熱」的不愉快指數。因為沒有考量風速影響，只根據氣溫與溼度所計算出來的公式，因此與實際感受到的悶熱程度有差，計算出來的數值也就不符合實際情況。

「溫度設定28℃」時，會如何？

也許有人已經忘了，為了減少二氧化碳排放量，防止地球暖化所號召的活動「Team Minus 6％」，極力推廣「空調溫度設定28℃」。然而，這活動只考量到造成溫熱環境6大因素之一的溫度而已。

28℃
了解！

沒聽到啦！

28℃這數字似乎是根據勞動安全衛生法第五條制訂的（日本）

要是關掉空調，開窗呢？
也許溫度設定28℃能有效減少二氧化碳的排放，但室溫還是偏高。既然這麼在意二氧化碳，不如關掉空調，開窗豈不是更好。若能從外頭吹進涼風，不但環境變得舒適，也能節省電費，更不會有排放二氧化碳的疑慮。

Bye-bye！
空調先生

空調設定 28℃時
若溫度28℃、溼度60％、風速0m/s的話，體感溫度為 (26．0℃)

關掉空調，開窗的話
若溫度30℃、溼度70％、風速4m/s的話，體感溫度為 (25．1℃)

② 什麼是熱？

一派
我行我素
的保鑣。

你不要走~

可是那邊更冷啊！

好冷喔~

黑澤明導演的電影《保鑣》，描述混跡某宿場町的武士（三船敏郎）向彼此對立的兩派黑幫組織推銷自己擔任保鑣，其實這是男主角擒殺歹徒、行俠仗義的策略……。

然而三船敏郎在電影裡的一舉一動，看在我眼中都是一種「熱能的移動」。也就是說，左右室內舒適度（溫度先生）和三船敏郎一樣，不時跑來跑去。正確來說，熱的移動大原則就是：「從溫度高的地方往溫度低的地方移動」，所以每到夏天，保鑣（熱）成了眾人眼中的不速之客，硬是魯莽地闖進別人家。相反地，冬天時希望他「多待一會兒」，卻又毫不留情地掉頭就走，那該怎麼辦呢？

熱是由高往低移動

溫度會因為分子活化關係而上升，而且活動激烈的分子，會帶動周遭分子的活動也變得激烈。於是，熱就從高溫物體移動至低溫物體。

低溫時的分子移動　　高溫時的分子移動

熱就是一種分子的活動

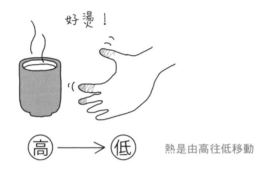

好燙！

高 ——→ 低　　熱是由高往低移動

讓保鑣（熱）能真正發揮作用的方法

雖然熱是地球上不可或缺的一種能量，但往往因為出現的時機不對，影響室內的舒適度，因此有種叫做「隔熱材」的東西應運而生。現代住宅會在建築物裡加裝隔熱材，藉以控制熱的移動。

夏　你不用來啦！　你不能走！　冬

隔熱材　隔熱材

熱是由下往上移動

遇熱會溫度上升的物質一旦膨脹,密度就下降。這般現象就連充斥室內的「空氣」也不例外。空氣也是遇熱膨脹,密度跟著下降。因為密度下降,空氣變輕,自然往上升。

熱氣球就是運用這原理的交通工具

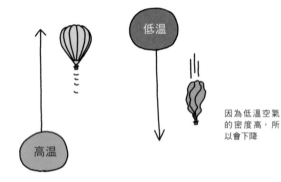

低溫

高溫

因為低溫空氣
的密度高,所
以會下降

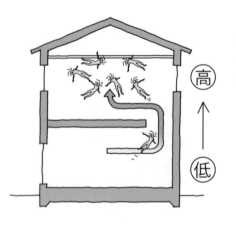

高

↑

低

上下移動產生溫差
建築物內部的熱也會依著室內的上下方向移動。不只建築物內外,只要能靈活控制上下的溫差,室內就會變得更舒適。

太陽不是唯一的熱來源

太陽是左右溫度高低的主要熱能之一。然而環視家中，除了太陽之外，還有其他會發熱的東西，有時這些東西也會成為影響舒適度的因素。

容易發熱的電器用品

像是乾衣機，雖然將髒衣服變乾淨是件好事，卻會排出大量的熱。

乾衣機
（1,100W「乾衣時」） × 1 台

烘碗機
（1,100W） × 1 台

電鍋
（1,200W） × 1 台

電暖爐
（1,100W）

人類也是發熱體

人體也是不容忽視的發熱體。一個人發散的熱量約 100W（從事比較不費力的工作時），光是 10 位朋友聚在一起聊天，發熱量相當於一台電暖爐。

電暖器
（1,000W）

有效控制熱的方法〔隔熱〕

③

球門前
可不能
空空如也……。

悶熱的夏天，從屋外侵入室內的熱能，猶如突擊力優秀的外國足球員，以迅雷不及掩耳的速度攻入球門線，讓室內瞬間變成灼熱地獄。這時能有效防守，迎擊敵人的是，無論技巧還是體力都很優秀的「隔熱材」。那為什麼還是有比賽一開始，球門前卻毫無守備力，不然就是守門員是個實力不夠堅強的菜鳥呢？其實住宅設計方面有不少失敗之例。

「窗戶」是住宅中熱最容易進出的地方，因此要是窗戶的隔熱措施做得馬虎隨便，根本不可能打造出不需要空調的家。換句話說，就算牆壁和屋頂塞入多麼高性能的隔熱材，如果窗戶沒有弄好也無法達到一定水準的隔熱效果。

空氣是最佳防衛者

依媒介物的不同，熱傳導速度也不一樣。所有物質中，熱傳導速度最慢的就是「空氣」。

哪一個的隔熱效果與空氣一樣？

  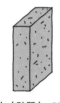

空氣：1.5cm	木材：10cm	土（砂質）：67cm	混凝土：105cm
熱傳導率 0.02W（m·k）	熱傳導率 0.14W（m·k）	熱傳導率 0.9W（m·k）	熱傳導率 1.4W（m·k）

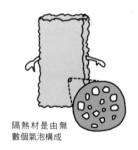

隔熱材是由無數個氣泡構成

隔熱材是由無數個氣泡構成
只要空氣一流動，熱就跟著移動。因此將空氣變成小氣泡，便能阻斷熱移動（對流），這就是隔熱材的原理。

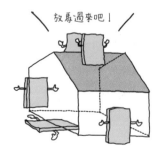

放馬過來吧！

隔熱材的守備位置
只要在牆壁、地板、天花板、屋頂等，熱最容易進出的地方塞入很多的空氣（＝隔熱材），便能有效防止熱在夏天侵入，冬天流失的情形。

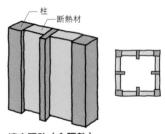

建築物的隔熱法大略分為兩種，若是木造住宅，分為填充隔熱法（內隔熱）與外貼隔熱法（外隔熱），最常被問：「究竟哪一種方法比較好？」

填充隔熱（內隔熱）
將隔熱材填充於內牆與外牆之間

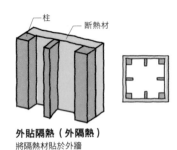

外貼隔熱（外隔熱）
將隔熱材貼於外牆

其實兩種效能不分軒輊

無論選擇哪一種方法，表示材料隔熱效能的「熱阻值」是一樣的。也就是說，兩種方法的隔熱效能不分軒輊，重點在於施工品質，如果施工品質不好，無論用哪一種方法，效果都大打折扣。

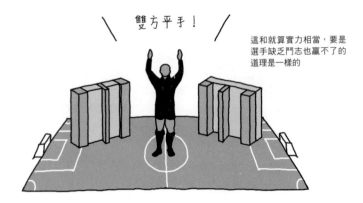

＼ 雙方平手！ ／

這和就算實力相當，要是選手缺乏鬥志也贏不了的道理是一樣的

若是混凝土牆，必須視生活方式而定

若是混凝土牆，必須考量一下究竟採內隔熱，還是外隔熱比較好。

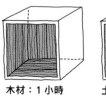

木材：1 小時

土牆：2 小時 7 分鐘

怎麼那麼慢啊？

好快！

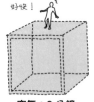

混凝土：3 小時 39 分鐘

空氣：9 分鐘

試算一下

假設打造一間無論地板、牆壁、天花板等，6 面都使用同樣材料的房間，然後打開冷氣（暖氣），讓 6 面的物質溫度同時下降 1℃（上升），所需時間如上。

外隔熱比較花時間

因為混凝土有「不易聚熱，也不易散熱」的特質，因此若選擇外隔熱方式，就算夏天開冷氣，也會被混凝土掠奪，室溫很難立刻降下來。相反的，冬天開暖氣，也很難維持暖和室溫……。

我比較適合外隔熱哩！

冬天室溫一旦上升，就算關掉暖氣，室溫也不會馬上下降

若一整天家裡都有人，適合採外隔熱

若一整天家裡都有人，需要常常開空調的話，比較適合採外隔熱。相反的，若全家人都是早出晚歸，比較適合採內隔熱。依生活方式不同，兩種方法各有優缺點。

窗戶的隔熱措施不夠周全，隔熱效果大打折扣

雖然隔熱材是塞在牆壁、屋頂等地方，但不要忘了，其實在建築物裡頭來去自如的熱，幾乎都是經由窗戶（開口的地方）進出，因此要是窗戶的隔熱措施不夠周全，隔熱效果勢必大打折扣，成了沒開空調便無法居住的住宅。

夏 **依溫差從窗戶侵入的熱比率**　　冬 **依溫差從窗戶流失的熱比率**

單層玻璃　複層玻璃
40%　25%
輻射（陽光直射）
加上可能造成的影響

單層玻璃　複層玻璃
70%　65%

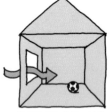

從窗戶侵入的熱，是造成室內悶熱的最主要原因

單層玻璃
55%
複層玻璃
35%

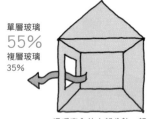

溫暖室內的大部分熱，都從窗戶溜走了

單層玻璃
（透明玻璃 5mm）
熱傳系數
6.4W（m²·K）

10
9

複層玻璃
（透明玻璃 5mm ＋透明玻璃 5mm）
熱傳系數
3.5W（m²·K）

10
5

Low-E 玻璃
低輻射鍍膜玻璃
（透明玻璃 6mm＋
低輻射鍍膜玻璃 6mm）
熱傳系數
2.6W／（m²·K）

10
4

玻璃性能也是決定隔熱措施是否周全的因素
提升窗戶隔熱效果的方法，就是強化玻璃性能。近來市面上推出各種新產品，使用高性能玻璃，隔熱效果確實比一般單層玻璃高出一倍以上。

除了強化玻璃性能之外，還有幾種提升窗戶隔熱效果的方法

隔熱與遮熱的不同

雖然遮熱材（薄板、罩子、塗料等）與隔熱材很像，但隔熱材的目的是「防止熱通過（傳導、對流）」，遮熱材的目的則是「擋住熱」，因此遮熱材可說是反射熱能的材料，但不能取代隔熱材。

隔熱是守備

遮熱是主動出擊！

遮熱材並「不列入計算」

設計住宅時，很多專家（設計師）不會將遮熱材的效果列入計算。為什麼呢？因為他們認為不管有沒有遮熱材，太陽的輻射熱「→ 44 頁」也不會從屋頂或外牆侵入。

知道了！　　遮熱材　　　　隔熱材

你們愛怎麼打，就怎麼打吧！

就某種意味來說，等同「放牛吃草」

有效控制熱的方法〔換氣〕

團體旅遊
就是去大家
想去的地方。

請往這邊走！

無論牆壁、屋頂還是地板,均使用隔熱材徹底隔熱,並強化玻璃窗性能,以達到有效控制熱的目的。但還有一個容易忽略的地方,那就是「換氣」。

以前的老房子有很多縫隙,一到冬天,就算開暖爐也覺得冷,這是因為寒風從窗框縫隙等地方溜進屋內的關係。由此可見,牆上鑿個大洞藉以「換氣」的方式也會影響熱的移動。室外空氣從哪裡流入,由哪裡排出,當然也會影響室內溫度。

要是無法規劃一條最佳路徑,引領這些熱到它們想去的地方,絕對無法實現舒適住宅的美夢。

關於換氣的迷思

以前老房子的縫隙風被視為「自然換氣」。問題是，換氣時不只空氣，連熱也一起進出。也就是說，建築物的縫隙越多，冷（暖）氣的效率就越差，根本達不到省電目的。因此日本政府大力提倡「高隔熱・高氣密」的新住宅概念。

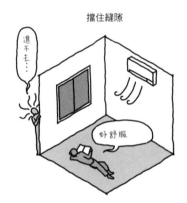

擋住縫隙

進不去…

好舒服

至少有10％的貢獻

縫隙越少，室溫越不容易受到外在影響。但若是牆壁與窗戶的隔熱措施做得不夠周全，就算擋住縫隙也沒用。因此建築物的氣密化對於省電一事，至少能貢獻到整體的10％左右（熱負荷的減輕比率）。

留個縫隙

好冷喔！關掉啦！

不行啦！這是法律規定的啦！

一整天都要打開換氣扇，實在搞不清楚這樣真的有達到省電目的嗎？

換氣是個好方法

當我們認為隨著「高氣密住宅」普及化，能有效省電的同時，卻出現另一個問題，那就是「病屋症候群」。建築材料所含的化學物質汙染了幾近密閉的室內，所以必須多少留些縫隙。因此而倉促制定的法律就是建立強制換氣系統，意即世人所說的「24小時換氣」。

換氣 = 通風

照理說，住宅的氣密性越高，冷（暖）氣效率就越高。但就算提升氣密性，也不見得能讓室內變得舒適。即便「氣密性低」，只要強化換氣設計，就算沒有空調也能住得舒適。

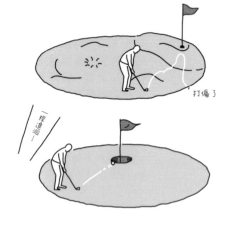

打偏了

氣密性高，換氣卻很差
即使氣密性高（建築物的整體開孔面積小），要是供氣口、排氣口的位置不好，也無法讓空氣（熱）流動順暢

氣密性低，換氣卻很好
只要供氣口、排氣口的位置和大小很理想，開孔大的「低氣密」也能讓空氣（熱能）流動順暢

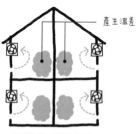

產生溫差

× 氣密性高，採部分換氣

○ 氣密性低，採整體換氣

換氣也是通風計畫的一部分
目前關於機械換氣的法律基準，針對病屋與用得到瓦斯的房間（廚房等），有兩項規定。問題是，換氣設計本來就屬於「住宅整體通風計畫的一部分」，因此想要藉由部分換氣方式，改善空氣滯留與室內溫差大等問題，做到不需要空調也能打造舒適的室內環境，無疑是天方夜譚。

供氣與排氣是一體兩面

換氣的基本原理是：「供氣與排氣是一體兩面」，這點很重要。要是無法從供氣口引進室外的空氣，就算開啟換氣扇（排氣）也沒用，所以供氣口的位置很重要。

供氣口的位置不對
便失去效用

換氣方式的好壞差別
只要換氣方式設計的好，離「不需要空調的家」的理想就更近一步了。

✕ 供氣口少，開孔又不大，室內空氣流通就不順暢

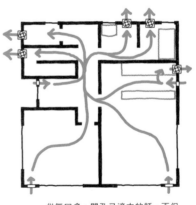

◯ 供氣口多，開孔又適中的話，不但室內空氣流通順暢，也能解決溫差的問題

⑤ 什麼是溼氣？

愛湊熱鬧的傢伙全圍上來，又溼又黏的感覺真討厭！

相信不少人聽到溼氣這字眼，就心生嫌惡吧！＜溼度先生＞那又溼又黏的觸感，一直被大家視為眼中釘。無論古今，身處高溫溼氣重的環境下，溼氣一直都是建築物的頭號敵人。尤其是木造建築，先不論室內環境舒適與否，光是溼氣便容易導致木材腐朽，甚至崩壞。

溼度高低是以百分比（％）標示，取決於溫度以及空氣中含水量的關係。也就是說，只要減少空氣中的含水量，便能讓環境變得舒適些，可惜溼氣問題無法徹底解決，就像不知從哪兒冒出愛湊熱鬧的傢伙，而且越聚越多。問題是，愛湊熱鬧並不違法，所以不能說一顆顆的水蒸氣有罪，只能說壞就壞在他們喜歡「聚在一起」，這也是溼氣的本質。

溼氣從何而來？

溼氣的首領就是太平洋高氣壓。
從日本南太平洋上產生的高氣壓
為日本帶來熱與溼氣這兩樣伴手
禮，盤踞一整個夏天。相反的，
冬天的溼氣「主要產地」位於日
本海側。一到冬天、梅雨時節，
這些地區的溼度和東京一樣高。

溼氣存在於家中各處
除了上述因素之外，室內也會產生大量溼氣。像是
廚房、浴室、洗手間等，不能忽視日常生活產生的
溼氣，因為家裡從內到外都會遭受溼氣襲擊。

一頓晚餐產生 1 公升溼氣
譬如從開始準備晚餐到洗完碗盤，
從烹煮食材、燃料（瓦斯）等步驟
約產生1公升水氣。

暖爐也會產生溼氣
其實瓦斯或石油暖爐也會產生水蒸
氣。使用約4kW的暖爐1小時，瓦
斯暖爐產生的水氣量約550毫升，
石油暖爐約400毫升。

為何溼氣高，讓人覺得不舒服？

人體靠兩種方法調節體溫，一種是熱從皮膚表面逃至空氣中，另一種是汗水蒸發時（汽化熱），消去熱氣。溫度越高，汗水越不容易排出，也就越容易阻礙體溫調節功能，促使人體感覺不舒服。

溼度達 75% 以上時，汗水難以排出，就會影響體溫調節。

溫度一上升，溼度就下降

一般「溼度 0%」指的是「相對溼度」，也就是相較於空氣中含有的最大水氣量（水蒸氣的飽和度），目前的水氣量為百分之多少。

溫度一上升，代表溼度的托盤就越大。譬如氣溫 28℃，溼度 75% 的話，水氣量等同 8 疊榻榻米大，約 600 公克。氣溫一旦升至 33℃，水氣的飽和度也會上升，即便同樣是 600 公克，相對溼度卻變成53%。

溼度 75%

雖然溼度低，卻很熱

溼度 53%

溫度與相對溼度的關係

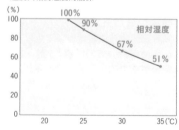

(%)
100% 100
90%
80
67%
60 51%
40
20
0
20　25　30　35 (℃)

相對溼度

絕對溼度 0.018kg/kg
可以計算出 8 疊榻榻米大的氣積 33.7 ㎡

愛湊熱鬧的傢伙們喜歡聚集的地方

日本屬於高溫、溼氣重的環境，因此想要打造舒適環境，重點之一就是有效控制溼氣，也就是別讓溼氣滯留在一處地方。那該如何做呢？放心。溼氣這傢伙喜歡大堆頭的聚在一起，所以一調查就一清二楚了。

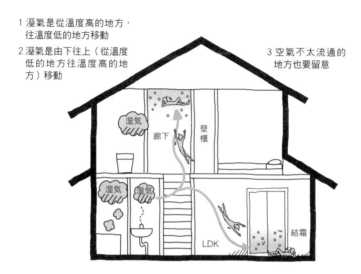

1 溼氣是從溫度高的地方，往溫度低的地方移動

2 溼氣是由下往上（從溫度低的地方往溫度高的地方）移動

3 空氣不太流通的地方也要留意

濕気

廊下

壁櫃

濕気　濕気

LDK

結霜

這些愛湊在一起的傢伙最喜歡聚集的地方就是建築物上方。此外，像是空氣不流通（缺乏對流）、儲藏室、壁櫃裡頭等，還有位於一樓北側的玻璃也是溼氣的溫床。

保持一定溫度
就能降低溼度
想要提升室內的舒適度，就是要讓＜溼度先生＞動起來，將它們驅散就對了。最重要是保持通風狀態，熱氣不流失，也算是一種逆向操作。

藉由自然風（氣流）讓聚在一起的溼氣動起來，這樣離「不需要空調的家」的目標就更進一步了。

什麼是氣流？

隨時勉勵自己
奮發向上。

氣流就是風，讓我們身心舒爽的大自然恩惠。自從發明空調之後，也許住宅設計改變最大的部分就是與風的相處方式。拜建築材料品質的提升，以及施工方法改善之賜，不再有從縫隙吹入寒風等惱人問題，因此室內通風與否，相對變得重要。

出身貧窮人家的＜氣流先生＞懷抱夢想，隨時勉勵自己奮發向上，由此可見氣流先生是個企圖心非常強的人。正確來說，氣流移動的大原則就是：「從溫度低的地方往溫度高的地方移動」。所以我們不妨助他一臂之力，他一定會回報我們更舒適的環境。

最舒適的風向是由南朝北

你曉得風是從哪個方向吹來的嗎？當然每個地區多少有些差異，但「最舒適的風」一般是由南朝北吹。所謂最舒適的風，就是夏天時，從屋外吹進來的風。相反的，冬天的寒冷北風就是讓人感到不舒服的風。

氣壓也是由高處往低處移動

風會往有氣壓差距的地方移動。也就是說，風是空氣從氣壓高的地方往氣壓低的地方移動。日本一到夏天，體積龐大的太平洋高壓會從南方往陸地方向移動，這也是為什麼風向多為由南朝北吹的原因。

風從南方吹來

上氣象廳官網就能查看各地區的風向

只要上氣象廳官網，便能查看各地區的主要風向（又稱為「盛行風向」prevailing wind）。不妨上官網查一下自己住的地方多是吹哪個方向的風吧。（台灣交通部中央氣象局官網亦可查詢）

為何坐在圍爐邊會感受到背後有陣寒風吹來？

哈啾！

氣流會從溫度低的地方往溫度高的地方移動，產生對流

室內當然也有「風」，但並非由南朝北吹。相信不少人都有此經驗，坐在燃燒著熊熊烈火的圍爐邊，突然感受到背後有陣寒風吹來。這是因為圍爐裡的火溫暖了空氣，促使空氣變輕往上升，周遭冷空氣馬上遞補的關係，這般現象稱為自然對流【→ 21 頁】

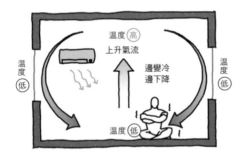

溫度 高
上升氣流

溫度 低

溫度 低

溫度 低

邊變冷邊下降

即便開暖氣，腳底還是冷……

冬天即便開暖氣，腳底還是冷，這和圍爐邊的原理一樣，也是因為產生自然對流的關係。建築物內部一旦產生溫差，＜氣流先生＞就會從溫度低的地方往溫度高的地方移動，產生對流。

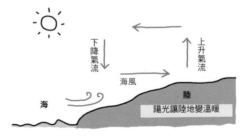

海風與陸風
附帶一提，沿海地區白天的風是從海上吹來，晚上的風則是從陸地吹來。這也是因為海洋與陸地的溫差，產生氣流的一種「風」。

下降氣流

上升氣流

海風

海

陸

陽光讓陸地變溫暖

溫差促使空氣流動

一般提到「通風」這字眼，會認為是將屋外的風導入室內，其實光靠自然風無法打造隨時都很舒適的環境。建議活用自然對流原理，也就是以人工方式製造溫差，促使氣流產生。

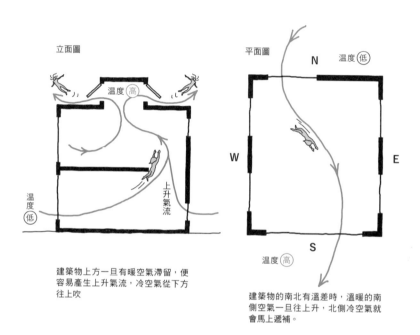

建築物上方一旦有暖空氣滯留，便容易產生上升氣流，冷空氣從下方往上吹

建築物的南北有溫差時，溫暖的南側空氣一旦往上升，北側冷空氣就會馬上遞補。

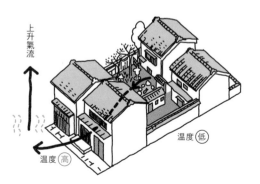

能夠抵禦酷暑的涼爽京町家

京都的町家就是自然對流的最佳例子。藉由在建築物裡面規劃一方小庭院，讓空氣產生流動。在夏天悶熱無比，幾乎沒什麼風的京都有不少這般傳統京町家。

⑦ 如何對待氣流

沒有出口的迷宮。

偷告訴大家一個業界祕密，不少住宅設計圖都有一個不老實的地方，那就是通風路徑。「風從這扇窗戶吹入，經由這房間，再從這扇窗戶出去」，也許設計師會依循著設計圖上的藍色箭頭，說明風的軌跡，但事實上不少例子根本不是這麼回事。為什麼這般謊言不會被戳破呢？也許不是設計者惡意說謊，只是不懂氣流原理而已。

不僅是通風問題，只要是利用自然力設計的住宅，若是違反原理原則便無法打造舒適的家。氣流是從溫度低的地方往溫度高的地方移動，但光是如此，也不見得能達到通風效果。接下來介紹一些違反氣流原理的失敗例子。

必須要有一扇做為出口用的窗戶

只要打開窗戶，外頭的風就會吹進來，相信不少人都有此迷思。
其實必須要有一扇做為出口的窗戶才行，這不但是「打造不需要
空調的家」最主要的觀念之一，也是非常重要的原理。

失敗案例（平面圖）
① 有入口，沒出口
② 出口比入口小
③ 出口大，入口小
④ 入口位置很差
⑤ 通往出口的途中有障礙物

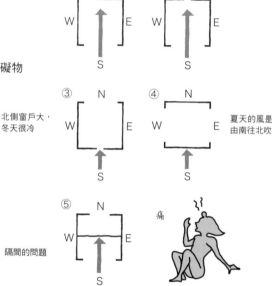

③ 北側窗戶大，
冬天很冷

④ 夏天的風是
由南往北吹

⑤ 隔間的問題

通風差的案例（一樓平面圖）

固定窗（嵌死）

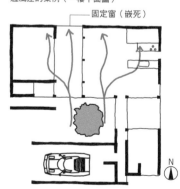

我兄長的家也是個失敗案例

這是我兄長的家。如圖因為北側沒有窗
戶（因為是固定窗，沒辦法打開！）就
算南側有扇大窗戶，也無法達到通風效
果。幸好兄長請我幫忙看設計圖，我馬
上告訴他北側必須設計一扇做為出口用
的窗戶。

建築物內部的氣流是由低處往高處移動，一旦違反這原則，就算開好幾扇窗戶也無法達到通風效果。

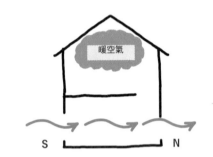

二樓成了一大敗筆
雖然風的路徑是由南往北吹，但因為北側二樓沒有窗戶（無法打開），導致氣流停滯在一樓，實在可惜。

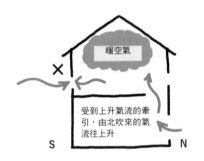

方向與位置設得不對
南側的窗戶只開在二樓，北側的窗戶又只設在一樓，導致由南側吹入的風，與乘著上升氣流往外跑，由北方吹來的風撞在一塊兒。

這也是一大失敗案例！
設有中庭的建築物看起來好像很通風，其實四周沒設窗戶的話，還是達不到通風效果。

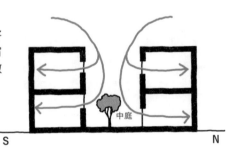

Like a Rolling Stone

一般誤以為控制風與氣流是「夏天才要做的事」,其實冬天更要控制氣流。因為即便是寒冷的冬天,只要室內空氣流通,溼氣就不會滯留,也能有效降低溼度。

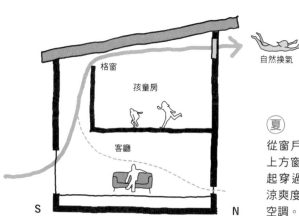

夏

從窗戶吹進來的風,與從上方窗戶吹進來的熱氣一起穿過室內。這麼一來,涼爽度倍增,根本不必開空調。

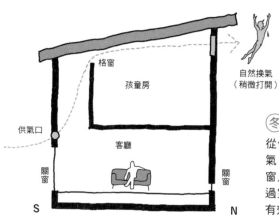

冬

從供氣口跑進來的屋外空氣,與從建築物最上方的窗戶跑進來的溼氣一起穿過室內。這麼一來,就能有效降低室內的溼度。

什麼是輻射？

熱血男兒的
生存之道。

喔！

喔、是喔

隨便你們啦！

一起……

去玩水嘛！你們是不是

再也沒有人比這傢伙更貼近我們，也很少有人像他的存在感如此薄弱，這就是＜輻射先生＞。先舉幾個關於輻射的例子吧！像是直射陽光的熱感，就是輻射；還有火的熱感也是輻射，其他像是電爐、暖爐的熱感也都是輻射。

輻射是一種電磁波，藉由電磁波作為物質之間傳導的熱感。有別於空調產生的熱移動，空氣對流並不會讓室溫產生變化。雖然＜輻射先生＞不會讓室內空氣變熱，但他會讓放在室內的「物體」自己變熱。因此對＜輻射先生＞來說，周遭的空氣與他毫無關係，活脫脫是典型的熱血男兒。

只要能力所及，＜輻射先生＞就會持續傳遞熱，這就是熱血男兒的生存之道。

我就是熱血男兒，有什麼不滿嗎？

熱有三種傳遞方式，分別為傳導、對流、輻射。這裡說的輻射是指就算沒有媒介物（空氣與水等），也能讓熱由高溫物體移動到低溫物體。雖然宇宙沒有空氣，但太陽的熱能還是能傳遞到地球上，就是拜輻射之賜。

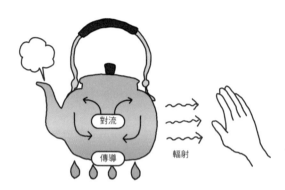

傳導
分子邊活動、相互衝突，邊傳遞熱（水壺由底部開始變熱）

對流
藉由物質的移動傳遞熱（熱水開始由下往上移動）

輻射
藉由電磁波傳遞熱（一接近火就覺得熱）

產生熱能的各種方式
所有冷暖空調機器都是藉由傳導、對流、放射等方式或組合，產生熱的移動。

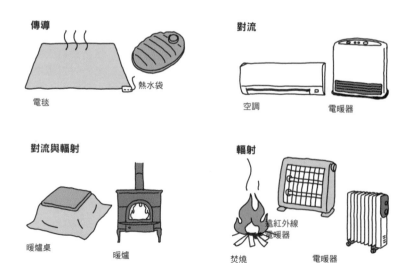

傳導
電毯　　熱水袋

對流
空調　　電暖器

對流與輻射
暖爐桌　　暖爐

輻射
焚燒　　遠紅外線電暖器　　電暖器

輻射最怕被「阻斷」

輻射是藉由電磁波的波動傳遞熱，波動一旦被阻斷，便無法傳遞。燃燒中的熊熊烈火也是，要是有誰擋在烈火前，溫暖度馬上減半。

我這樣比較溫暖啊！

走開！很冷耶！

即使有人擋在空調前方，也不會覺得溫度一下差很多，這就是兩者之間最大的差異。

不喜歡的話，想辦法遮住就行了

影響住居舒適度的＜輻射先生＞幾乎都是來自太陽的輻射，所以與他的相處之道其實很簡單。夏天時，阻隔直接侵入室內的輻射（陽光直射）就行了。冬天則是拆除遮蔽物，讓陽光照進室內，這是實現「打造不需要空調的家」最重要的項目之一。

住宅表面的輻射溫度

室內也有陽光以外的輻射，無論地板、牆壁、天花板，還是其他任何東西都會產生輻射。

夏

室溫 28℃
平均表面輻射溫度 36℃
體感溫度 32℃

室溫與輻射溫度之間的差異……

從地板和牆壁等處產生的熱，稱為「輻射溫度」。一般來說，地板、牆壁、天花板的表面輻射溫度與室溫一樣，但熱容量較大的混凝土與瓷磚等，就必須花點時間才能達到與室溫一樣的程度【→25頁】。因此夏天時，室內一旦蓄熱就會非常悶熱。

冬

室溫 22℃
平均表面輻射溫度 14℃
體感溫度 18℃

（室溫＋平均表面輻射溫度）÷2＝體感溫度

室溫（空氣溫度）與地板、牆壁、天花板的平均表面輻射溫度加總起來除以二就等於體感溫度

沒叫你出來啦！

輻射先生隨時都在偷窺！

窗戶玻璃的表面輻射溫度是最需要注意的地方。因為無論夏天還是冬天，窗戶玻璃都是最接近室外氣溫的地方，所以窗戶大的房間要是不用質地厚一點的窗簾遮蔽，勢必會影響體感溫度。

9 如何對付輻射

若只有玻璃，就只有投降的份兒了。

酷熱的夏天，陽光變身成重量級拳擊手，窩在家中的你只能淪為吃他好幾拳的手下敗將。因為太陽輻射的破壞力十分強大，要是不好好接招，根本招架不住，更何況要是連護具都沒帶，那就真的只有投降的份兒了。

住宅的最佳護具就是牆壁、遮陽棚、屋簷等，這些都是能有效抵禦輻射破壞力的超強夥伴。近來卻有越來越多建築物的窗戶連屋簷、遮陽棚等護具都沒有，說穿了就是舉白旗投降。雖然這麼做，冬天還算溫暖，但夏天的損害可就大了，至少做個百葉窗遮一下也比較好。想想，這般不怕死的挑戰值得讚賞嗎？

太陽輻射的威力究竟有多大？

太陽輻射的威力究竟有多大？分析不同方位與時間，結果得到以下數字。一般都知道「夏天傍晚時分的威力很強」，其實從東方升起的朝陽威力也不容小覷。

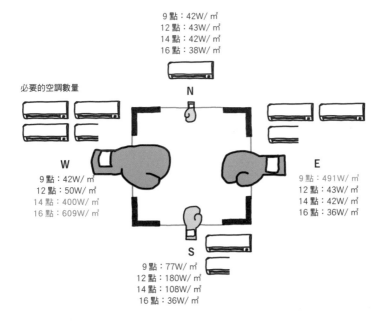

9點：42W/㎡
12點：43W/㎡
14點：42W/㎡
16點：38W/㎡

必要的空調數量

W
9點：42W/㎡
12點：50W/㎡
14點：400W/㎡
16點：609W/㎡

N

E
9點：491W/㎡
12點：43W/㎡
14點：42W/㎡
16點：36W/㎡

S
9點：77W/㎡
12點：180W/㎡
14點：108W/㎡
16點：36W/㎡

光靠一台空調根本不夠

尤其是毫無遮陽的設備，到底要幾台空調才能抵禦太陽輻射的威力？計算的結果如上圖，輻射威力最強的西側房間，至少要 3 台以上的空調才抵擋得住。

輻射威力的天窗攻擊

9點：654W/㎡
12點：843W/㎡
14點：679W/㎡
16點：419W/㎡

太陽輻射最可怕的一招是「天窗攻擊」，也就是陽光從上方連續出擊，讓你招架不住。

防護效果

1 外部遮光（簾子也行）

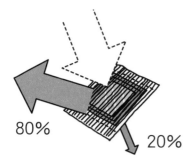

80%
20%

2 內部遮光（內部貼上遮光薄膜）

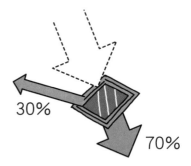

30%
70%

3 強化玻璃性能

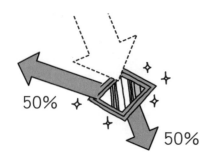

50%
50%

至少要做好防護措施

「我知道天窗攻擊這招很恐怖，但還是想開個天窗。」也有不少人堅持如此，那至少要做好防護措施。

以上是夏天時必須注意的地方。冬天就不一樣了，太陽的熱能是無法替代的資產，關於冬天的防護措施請參考 112 頁之後的說明。

只要知道方位與高度，就可以閃避攻擊

太陽輻射的威力沒有鈎拳，也沒有下鈎拳，都是正面直擊。換句話說，只要知道方位與高度，做好防護措施，便能減輕傷害。幸好太陽一年四季的威力是可以掌握的。

太陽的高度（東京都千代田區）

春分、秋分（3 月 20 日、9 月 23 日左右）

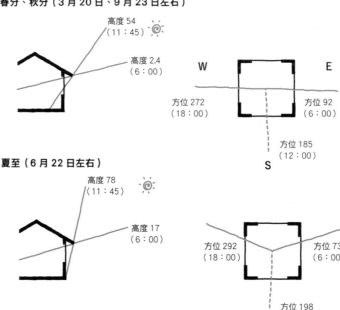

高度 54
（11：45）

高度 2.4
（6：00）

W　　　　　　　　E

方位 272
（18：00）

方位 92
（6：00）

方位 185
（12：00）

S

夏至（6 月 22 日左右）

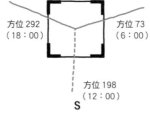

高度 78
（11：45）

高度 17
（6：00）

方位 292
（18：00）

方位 73
（6：00）

方位 198
（12：00）

S

冬至（12 月 22 日左右）

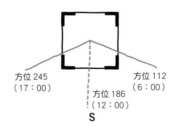

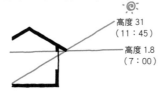

高度 31
（11：45）

高度 1.8
（7：00）

方位 245
（17：00）

方位 112
（6：00）

方位 186
（12：00）

S

高度指的是地表面，方位則是正北 0°

各種方位角度的護具大對決

護具能有效減輕太陽輻射造成的傷害。每一扇窗戶都有最適合它的護具，以下就來個護具比一比吧！

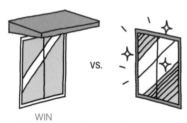

VS.

WIN
單層玻璃＋屋簷與遮陽棚等：okW
（只限單層玻璃：5.3kW）

只限低輻射鍍膜玻璃：
3.3kW

朝南方位的對決
單層玻璃＋屋簷 vs 低輻射鍍膜玻璃

因為陽光是從較高的位置侵入，所以只要做個屋簷或遮陽棚，便能輕鬆阻隔熱輻射。但若屋簷做得過長，溫暖的冬陽照不太進來也是挺傷腦筋。

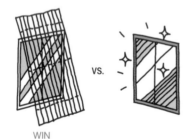

VS.

WIN
複層玻璃＋簾子：4.2kW
（只限單層玻璃：15.2kW）
（只限複層玻璃：14.8kW）

只限低輻射鍍膜玻璃：
9.5kW

朝西方位的對決
複層玻璃＋簾子 vs 低輻射鍍膜玻璃

因為東西側的陽光是從較低的位置侵入，所以就算屋簷或遮陽棚做得再長、再大也不夠，這時派得上用場的就是傳統簾子，只要搭配這東西，就算是性能再怎麼強的玻璃也不是對手。

果然薑是老的辣
這麼看來，果然薑是老的辣，傳統護具的性能反而比較強，十足驗證了不見得新品就是最好的道理。

你挺厲害嘛！

嘿嘿

其實玻璃的性能沒有你想的那麼強

最後整理一下玻璃的性能吧！玻璃的性能大略分為「隔熱性能」與「遮光性能」兩種。所謂隔熱性能，就是控制穿透玻璃往來建築物內外的熱能【→ 26 頁】；遮光性能主要是擋住侵入室內的太陽輻射。

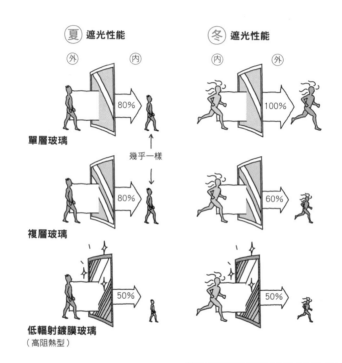

複層玻璃的遮光效果其實很差

有時候會聽到有人說：「我們家窗戶裝的是複層玻璃，可以遮蔽夏天直射的陽光哦！」其實是一大誤解。隔熱性能強的複層玻璃確實能有效防止，但遮光性能與單層玻璃幾乎一樣，所以夏天不能光靠複層玻璃應戰，必須搭配簾子才行。

⑩ 揭開電力的真面目

到頭來

大家都一樣……。

渦輪

不干我的事哦！

「不」需要空調的家」並非完全不使用電力。隨著現代生活越來越便利，人們也越來越依賴電力，像是看電視、打電腦等。因此，是否在乎用電量的心態以及生活方式，也會影響住宅設計的重點。

不妨重新審視住宅與電力的關係，首先從發電開始，目前常用的電力有火力、核能、水力。火力方面有煤、天然氣、石油等原料，核能用的是鈾，水力用的是水。雖然材料不同，但都是利用發電機發電，只是過程不太一樣。

發電就是啟動渦輪

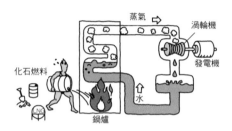

火力發電

使用巨型鍋爐加熱化石燃料與水，產生蒸氣，再靠蒸氣啟動渦輪機，帶動發電機發電。發電機是靠著磁石中的線圈運轉來發電。

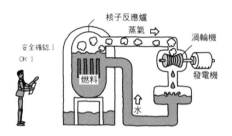

核能發電

鈾的中性子相互碰撞，導致核分裂。再用產生的熱能加熱水，之後的步驟與火力發電一樣。

水力發電

利用水落下時產生的能量啟動渦輪機，以下步驟同上。

風力發電

利用風讓風車轉動的能量帶動發電機。

人力

只要能啟動發電機，人力也可以發電

發電達人的實力比一比

雖然發電方式大同小異，但有些環節還是不太一樣。接下來，
以甜點師傅為例說明一下。

62%

火力先生

打從明治時代便投入這一行，資歷超過 120 年的老前輩。目前店裡 60% 以上的蛋糕還是出自火力先生之手。雖然他與近來備受爭議的二氧化碳先生是好朋友，但對火力先生來說，二氧化碳先生根本是損友。

29%

核能先生

算是中堅份子（發電資歷已經超過 45 年）。店裡 30% 的蛋糕都是由核能先生製作，雖然他的工作態度非常認真，但大家都曉得他是那種一旦發飆，誰都拿他沒輒的人。

8%

水力小姐

雖然水力小姐和火力先生一樣，也是資深師傅，但因為當初談的價碼太高（建設經費龐大），加上工作場所受限，對於店裡的貢獻度並不高。

只有一點點

風力先生・太陽能弟弟

起初兩人是備受注目的黑馬，但因為工作態度不佳，常常無故請假（受限天氣條件），所以對於店裡幾乎沒什麼貢獻可言。

發電達人們的薪水比一比

偷偷了解一下他們的薪水吧！

火力先生
5~6 日圓／kWh（煤）
6~7 日圓／kWh（天然氣）
10~17 日圓／kWh（石油）

煤、天然氣比較便宜

核能先生
5~6 日圓／kWh

就工作量來
說，薪水偏低

水力小姐
8~13 日圓／kWh

還算合理

風力先生
9~14 日圓／kWh

偏高

太陽能弟弟
49 日圓／kWh

竟然是核能先生
的10倍！

＊1 日圓約合台幣 0.297 元

薪水不高又任勞任怨的傢伙當然最受歡迎……

每個國家都喜歡薪水不高，又任勞任怨的傢伙，可想而知，核能先生的人氣當然最高。然而，能源關係的統計數據很容易受到國家能源政策的影響，也許不同的計算方法會得到完全不一樣的結果。

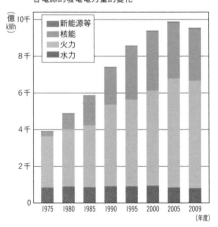

各電源的發電電力量的變化

2003 年之後，核能發電的比率受到意外事故的影響，稍有下降。這次因為東北大地震的關係，勢必大幅滑落吧！

蛋糕大小，適當即可

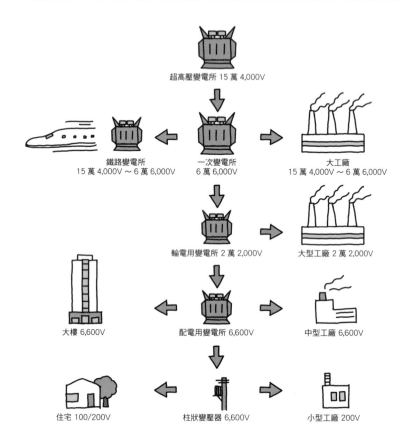

超高壓變電所 15 萬 4,000V

鐵路變電所
15 萬 4,000V ～ 6 萬 6,000V

一次變電所
6 萬 6,000V

大工廠
15 萬 4,000V ～ 6 萬 6,000V

輸電用變電所 2 萬 2,000V

大型工廠 2 萬 2,000V

大樓 6,600V

配電用變電所 6,600V

中型工廠 6,600V

住宅 100/200V

柱狀變壓器 6,600V

小型工廠 200V

改變電壓就是一種
分配的工作
工廠製作好大量的「電力蛋
糕」之後，就必須配合客人
的需求，切好適當的尺寸配
送。好比一家四口能吃的量
有限，要是送來給工廠的量，
勢必消化不完。

高達六成是沒辦法出貨的NG蛋糕

火力發電與核能發電都是「將熱能轉變為電力」的發電方式，但並非所有熱能都能順利轉變成電力。若熱能是 100 的話，只有 40％能轉變成電力。以甜點師傅來說，等於 10 個有 6 個是失敗之作，這要是在一般工廠早就被開除了。

即便如此，還是 A 咖級手藝
雖說如此，高達 40％的變換效率還是世界頂尖的 A 咖級手藝，實力不容小覷。附帶一提，水力的能源變換效率約 70％，風力（目前）約 30％，太陽能約 10～20％。

電力的缺點

好比去壽司店，點了一份「鮪魚」，師傅馬上捏出美味無比的鮪魚壽司，但電力公司的服務品質可就沒這麼好，明明向它點了「1kW（瓦特）」電量，端來的絕不會剛剛好是1kW，因為製造電力是一件過程非常粗糙的作業。火力發電一旦停工，必須花費龐大的人力與物力才能重新開工，所以無法隨便停工（當然還是可以調整供電量）。核能發電則是很難控制核子分裂狀況，無法細部調整，因此就現況來說，也無法因應需求，製造準確的量。

明明需求沒那麼多，還是勤奮過頭，停不下手。傷腦筋的是，電力又無法保存，這就是電力的缺點。

任性傢伙or頑固傢伙

細部調整只會降低工作效率

火力先生一停工，就不曉得何時能復工

超勤奮的火力先生一停工，必須花費很長的時間才能調回原本狀況，只能說平常的工作量實在太操了。問題是，這麼一來嚴重影響店裡的營運，無法確保商品新鮮度。

做與不做，二選一

核能先生是個一意孤行的頑固傢伙

核能先生是個一意孤行的頑固傢伙，即便店長交代：「訂購量沒那麼多，你可以暫時休息一下。」但想調整他的生產量，可不是一件容易的事，所以每天還是必須分配工作量給他。

發電機的供電圖

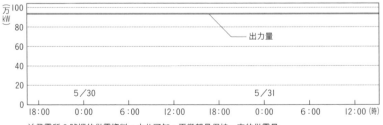

泊發電所3號機的供電資料。由此可知，平常都是保持一定的供電量

電力要是供不應求就傷腦筋了

要是今天的蛋糕賣完了，蛋糕店會在門口貼上「本日商品售完」的告示，但電力要是賣完了，可就傷腦筋啦！一旦售完＝停電，就會引發大混亂。每天下午 3 點左右是電力需求高峰，所以電力公司會盡全力確保一定供電量。

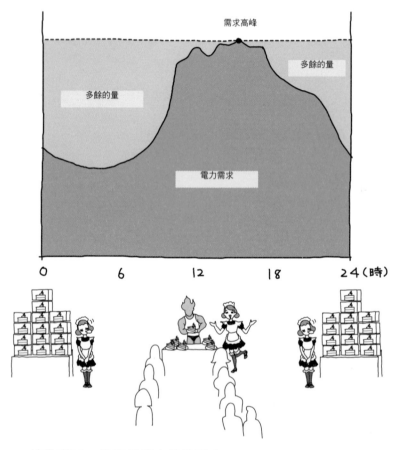

結果剩下一堆無用武之地的電力
因為無法細部調整供電量，所以等過了用電高峰期之後，就會產生多餘電力。可惜電力和蛋糕一樣，不耐久放，不可能放到隔天再消化掉。

會員獨享優惠

剩下一堆沒賣出去的電力，丟掉也很浪費，於是電力公司決定在離峰時段（譬如深夜時段）便宜出清，價錢比一般時段便宜 1 / 3 左右，所以手機利用這段時間充電就對了。不過，想在深夜時段享有優惠折扣，必須先向電力公司申請才行。

必須先申請優惠專案

好比「好康深夜8」優惠專案，是指從晚上 11 點到隔天早上 7 點，這 8 小時可享受電費優惠折扣。但白天的電費卻比一般貴 3 成，不免讓人懷疑這真的是優惠專案嗎？（台灣則是 22:30 至次日 7:30 電費較低）

為何電力無法貯存？

為何電力無法貯存呢？因為發電所提供的是「交流電」，交流電可以隨意改變電壓（直流電不行），所以想要貯存多餘的電力，必須使用能將交流變為直流的蓄電池，而且要有大型設備與場地才行。而且蓄電池是消耗品，貯存的電力會「自然放電」。因此，考量到成本與產值，發電顯然比蓄電來的划算。

交流 ⟶ 直流

筆記型電腦與手機是靠插頭（交流電）直接充電，用的是能將交流電變成直流電的「AC 變壓器」。

⑫ 正確的省電方法

大刀闊斧地裁員。
家裡也要

你被開除了

想要省電，卻不曉得從何著手，相信不少人都有這般困擾。其實省電一點都不難，只要想像省電能拯救一家快要倒閉的公司就行了。電力供給好比稱為「家」這間公司的業績，業績（電力供給）一旦大幅滑落，又想不出什麼改善方法，這時唯一能做的，就是大刀闊斧地裁員，節省人事成本。

首先，就從審視哪些是消耗電力的「肥貓」著手吧。因應現況，唯有砍掉績效獎金、大刀闊斧地裁掉一些不必要的人員，然後找出對公司來說，可有可無的部門。必要時，甚至必須考慮是否裁撤整個部門。

那麼，身為經營者的你，該怎麼做呢？

耗電量〇Wh＝你支付出去的「薪資」

一般電器用品目錄都會標示「耗電量〇Wh（瓦特）」的數字，表示「當你使用這電器時，每1小時的耗電量」，也就是「你必須支付多少薪水，才能聘僱到這名員工」的意思。

省電＝減薪的方法
所謂省電，就是減少支付各電器的「薪資」（耗電量）。不妨先想想，誰是公司裡坐領高薪的肥貓？有沒有根本賺不到什麼錢的部門？或是上班打混，只好加班趕進度的員工？一切就從徹底檢討、清楚掌握狀況開始。

裁員的基準

家中坐領高薪（耗電量最大）的肥貓四人組。

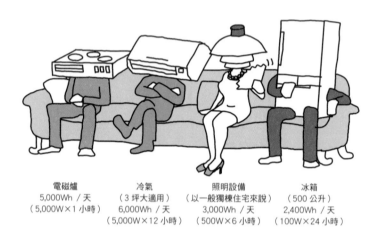

電磁爐	冷氣	照明設備	冰箱
5,000Wh／天	（3坪大適用）	（以一般獨棟住宅來說）	（500公升）
（5,000W×1小時）	6,000Wh／天	3,000Wh／天	2,400Wh／天
	（5,000W×12小時）	（500W×6小時）	（100W×24小時）

肥貓們做的都是與「熱」有關的工作
肥貓們做的都是與溫熱或冷藏東西，也就是與「熱」有關的工作。這些機器的總時薪（耗電量）偏高，其他像是吹風機之類，與熱有關的機器也是。若從這些傢伙下手，大膽裁員的話，效果一定不錯。

冷氣的 $\frac{1}{10}$

電風扇是廉價勞工
相較之下，資深員工代表之一的電風扇，可說是超級廉價勞工，薪水只要600Wh／天（50W×12小時）就搞定。不如趁此機會讓他升官吧。

考慮裁撤與「保溫」有關的部門

就算時薪再怎麼便宜，有些機器長時間使用下來，也是一筆不小的負擔。這些機器通常隸屬與「保溫」有關的部門，所以也要考慮將這部門列入裁撤名單。

不會吧……

馬桶座的保溫設備
1,200Wh／天
（50W×24 小時）
不喜歡馬桶坐起來感
覺涼颼颼的話，鋪個
馬桶座墊也可以達到
保溫效果

聽說我們
部門要被
裁掉了

熱水瓶的保溫功能（98℃）
1,500Wh／天
利用保溫瓶也可以達到不錯的
保溫效果

3C 家電也很耗電嗎？

電腦、DVD 錄放影機等 3C 家電用品，算是月薪便宜（耗電量不大）的員工。雖說如此，還是有人不以為然地反駁：「就算再怎麼便宜，也不需要傻傻地支付待機期間（待機電量）的薪水吧！」所以不用的時候，記得拔掉插頭。也許有人認為何必搞得這麼麻煩，減少冷氣運作時間不是更能達到省電效果嗎？因此，是否裁撤這些東西，端看你的決定。

行禮

啊、社長，
您辛苦了

辛苦了

真的要裁掉這傢伙嗎……

電腦（桌上型）
使用時 84Wh／天（28W×3 小時）
待機時 42Wh／天（2W×21 小時）

電腦（筆電）
使用時 87Wh／天（29W×3 小時）
待機時 21Wh／天（1W×21 小時）

DVD 錄放影機
使用時 84Wh／天（24W×3.5 小時）
待機時 27Wh／天（1.3W×20.5 小時）

另一項改革方案

省電裁員方案的要點如下：
1 檢討高薪（耗電量大）人員的工作方式
2 雖然工資便宜（耗電量小），要是工時過長，也是一筆不小的成本支出，想想究竟是要暫時解雇，還是禁止加班。

深夜營業型態拯救了日本？

以上是檯面上的裁員方案，其實還有一招檯面下的改革方案，那就是「深夜營業」。無論是大夜班的時薪、計程車車資等，深夜時段的費用都比較貴，電器用品卻相反，越晚工作，費用越便宜〔→ 63 頁〕。所以習慣夜貓子生活的人，還能享受到用電比較便宜的好康。

活用深夜時段，電費好康A

如同前面所述，深夜時段的電費確實比較便宜，但必須先向電力公司申請這項服務。這項服務究竟能讓一個月省下多少電費呢？以「好康深夜8」這項服務來說，若是集中深夜時段使用幾樣家電的話，以每個月用電量約 18,000Wh 計算，大概可以省下將近 400 日圓。（約 119 台幣）

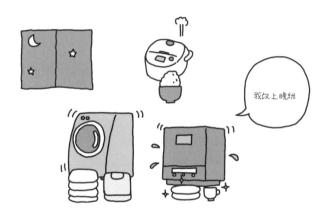

要是白天猛開冷氣，電費還是沒有省到

但要是白天猛開冷氣，就算使用「好康深夜8」這項服務，電費還是沒有省到。其實很少有家電只有晚上才用得到，所以白天有人在的家庭，更要確實檢討家中每個人的用電習慣。

空調的廬山真面目

同樣的遊戲
玩久了，
也會累啊！

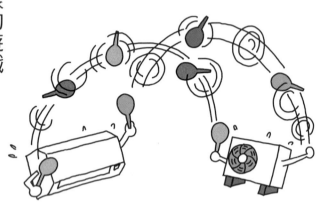

也許你會覺得身為作者的我，肯定非常排斥空調，其實不然。對於小時候只有電風扇可吹的世代來說，空調的發明無疑是一大衝擊，也是人們可以不再悶熱到難以入眠的救星。只是現今空調不再是奢侈品，而是每個家庭的必需品。就連設計住宅時，也會優先考慮空調裝設的位置，確實已經發展到有點誇張的程度。

所謂空調，就是一種「熱氣不斷交替」的動作，好比同樣的遊戲，玩久了也會累，還必須支付相當的電費。因此，小時候只有電風扇可吹的世代就會想：「有必要用這樣的方式追求舒適嗎……」

空調的功用就是送來冷風

空調的功用，就是利用機械重現自然現象的一種構造，先來了解一下空調是如何送來冷氣的流程吧。

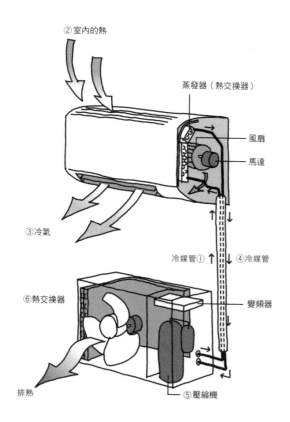

② 室內的熱

蒸發器（熱交換器）

風扇

馬達

③ 冷氣

冷媒管① ↑　↓ ④ 冷媒管

⑥ 熱交換器

變頻器

排熱

⑤ 壓縮機

① 將液態冷媒注入空調內，施壓予以氣化
② 氣態冷媒冷卻蒸發器（濾網）的同時，還會吸引室內的熱
③ 透過送風機的運作，將冷氣送入室內
④ 室內的氣化熱會隨著氣態冷媒一起送至室外機
⑤ 藉由壓縮機壓縮冷媒，同時產生熱
⑥ 風扇冷卻遭壓縮而呈現高溫狀態的氣態冷媒，釋放熱的同時再次液化

為什麼空調能製造出冷風？

空調運作的原理，好比打針之前，會先用酒精消毒一下手臂。用沾了酒精的棉花消毒之後，手臂會有一股涼颼颼的感覺，這是因為酒精蒸發的同時，也會驅散手臂表面的熱，而驅散的熱就稱為「氣化熱」。

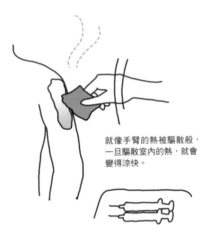

就像手臂的熱被驅散般，一旦驅散室內的熱，就會變得涼快。

利用電器驅散熱

大家應該曉得連接空調（室內機）與室外機之間有個輸送管。輸送管裡裝有「冷媒」，進入空調之前，冷媒是液態，一旦輸送至空調內部，進入「蒸發器」加以施壓後，原本是液態的冷媒就會變成氣態，再藉由氣化熱，驅散室內的熱，這就是空調製造出冷風的原理。

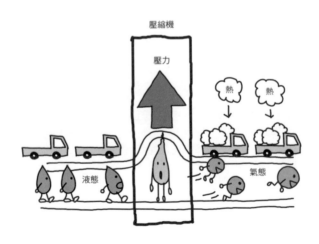

壓縮機

壓力

熱　熱

液態　　　　　　　　氣態

遭驅散的熱，又該何去何從？

一旦變成氣態的冷媒，經由輸送管回到室外機，這次是遭「壓縮機」施壓之後，又變回液態。這時，機械裡就會產生熱。這些熱就是剛被驅散的氣化熱的「熱」，冷媒就是負責將這些室內的熱搬出室外。

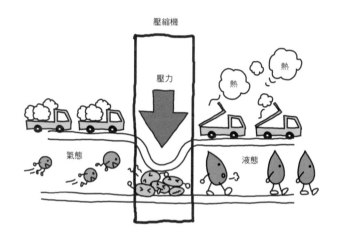

室內涼爽，室外卻遭殃……其實空調就是「利用電力將熱移往別處的一種機器」。問題是，熱不是「移往別處」就會消失，充其量只是從室內移往室外罷了。換句話說，就是自己的房間打掃得很乾淨，卻將垃圾往屋外堆，結果就是整條街堆滿了垃圾。

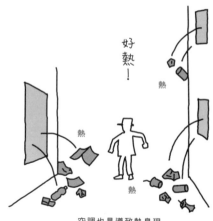

空調也是導致熱島現象的原因之一

除溼功能更耗電

空調還有一項「除溼功能」，要是以為只是去除溼氣，如此簡單的功能，可就大錯特錯了。其實除溼功能的耗電量更大。除溼的原理好比讓盛著冰水的杯子結出水滴，也就是讓空調內部冷的地方結霜，藉以排出室內水氣。

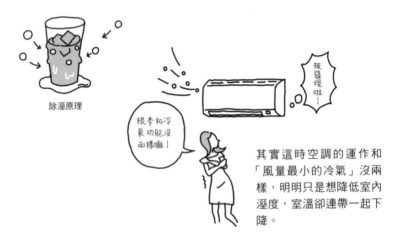

除溼原理

根本和冷氣功能沒兩樣嘛！

被發現啦！

其實這時空調的運作和「風量最小的冷氣」沒兩樣，明明只是想降低室內溼度，室溫卻連帶一起下降。

同時使用兩種功能，當然很耗電
也許有些人之所以使用除溼功能，是因為不想吹冷氣，只是想降低室內溼度。近來市面推出內部裝有加熱器的空調，可溫暖變冷的空氣，避免室溫下降。

換句話說，就是在空調內部反覆進行混和冬天與夏天，再打造出春天的作業。

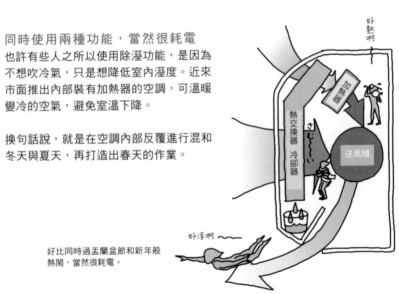

好熱啊

加熱器

熱交換器 冷卻器

さむ～い

送風機

好涼啊

好比同時過盂蘭盆節和新年般熱鬧，當然很耗電。

為何吹電風扇比吹冷氣好？

雖然空調是很方便的電器，但不是能讓室內舒適的最佳選擇，我想推薦的消暑涼方是「自然通風＋電風扇」。若能在住宅設計方面確保自然通風，其實只要吹電風扇也會覺得很舒適。

省下的電費可以吃頓大餐

以有 LDK（9 坪）、臥房（5 坪）、孩童房（3 坪 ×2），每個房間各裝一台冷氣的家庭來說，若將所有冷氣換成電風扇，6～9 月的用電量便能從 1,100kWh 降到 250Wh，足足節省 860kWh。換算成電費，就能省下 19,715 日圓！省下來的錢還能活用在其他方面。（約 5,859 台幣）

⑭ 太陽能的實際效用

救世主真的
出現了嗎……？

每次大規模節電，或是大規模停電時，相信不少人會想：「就知道光靠電力公司不可靠，乾脆家裡裝個太陽能發電設備，反正這是今後趨勢。」

也許你會覺得這是個好主意，但絕對不是你想得那麼簡單。太陽能發電確實不需要什麼龐大設備，但只要天候狀況不好，便很容易發生斷電情形。雖然裝置太陽能設備不用花很多錢（政府方面也有提供補助），但往往期待它能在非常時期發揮效用，卻常常天不從人願，也是不爭的事實。因此，裝設太陽能發電設備之前，一定要有充分的了解與體認。

太陽能轉換成電力的過程

目前日本的主要供電方式（火力、核能、水力等），與太陽能發電最大的差異在於是否需要發電機運作。接下來，說明一下太陽能轉換成電力的過程。

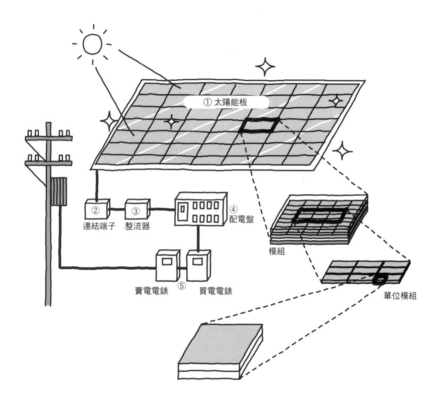

① 太陽能板

② 連結端子　③ 整流器　④ 配電盤

模組

賣電電錶　⑤　買電電錶

單位模組

① 使用矽樹脂等半導體製作的太陽能板接收陽光，將光能轉換成電力
② 太陽能板製造的電力（直流配線）整合成一條配線，輸送至整流器
③ 從連結端子輸送來的直流電透過整流器，變換成交流電
④ 變換成交流電的電流再與住宅的配電盤連結，分配至各電路
⑤ 透過電錶確認買入或賣出的電量

太陽能是發生緊急狀況時的救星?!

也許不少人認為太陽能發電是最適合「自家發電」的系統，尤其發生突然停電等緊急狀況時，太陽能是一大救星。但真的是這樣嗎？或許很少人知道，其實一旦停電，太陽能發電也無法運轉。

至少手機能充電……
幸好大部分太陽能發電在停電時，還有一處因應緊急狀況所需的電源插座（具有獨立運轉功能）可供電，但這插座最大供電量也只有1,500W，這樣的供電量只夠提供手機充電而已。

1,500W 是為了因應緊急狀況，依電力事業法制定的法定容量。

太陽也有「熱能」

一提到太陽能，大多數人都會聯想到「發電」一途，其實以前太陽能的最大用途是「供應熱水」，也就是利用裝設在屋頂上的太陽能板收集太陽的熱，煮水用的太陽能熱水器。因為裝置技術不難，加上功能效率高達 40～60％，可說是效率非常高的機器。

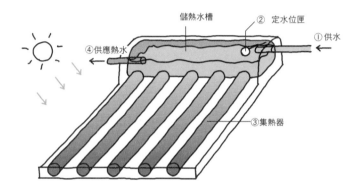

太陽能熱水器意外好用！？
一旦發生災害，電力、瓦斯供應中斷，家裡供應熱水的設備也就無法運轉。但只要有太陽能熱水器，還是有熱水可用。事實上，東日本大地震受災戶中，有不少家庭因為裝有太陽能熱水器，才有舒服的熱水澡可洗，所以我對意外好用的太陽能熱水器非常感興趣。

最便宜的太陽能熱水器（容量約 2 公升），只要 30 萬日圓左右就買得到（約 8.7 萬台幣）

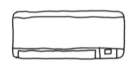

15 想像沒有空調的世界……

試著關掉空調。

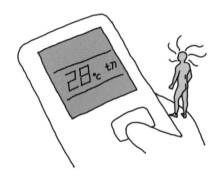

我的工作中，也包括設計建築物內部「設備」這項目。設計一棟建築物的同時，必須思考、研究引進哪一種設備機器最合適，又該如何配置才能發揮最大效果，打造最舒適的室內環境等。我所接觸的建案幾乎一開始都是以裝設空調設備為前提來設計，不乏一整棟外觀都是玻璃帷幕的辦公大樓之類，必須裝設大量空調設備的建築物。所以我常想，要是世上的大樓和住宅一開始都是以不裝設空調設備為前提來設計，又會出現什麼樣的變化呢？

因為很難計算出具體數據，只能單純想像，但偶爾想像一下「沒有空調的世界」也挺有趣的，不是嗎？

改變用電量

首先，就從改變用電量著手。目前東京都的家戶數約650萬戶，若每戶少用一台空調，用電量應該會出現以下變化。

以東京巨蛋的職棒比賽場次來計算

以空調用量頻繁的夏天、冬天的用電量計算，每一台空調平均一天用電量為6,000W，「6,000Wh／天×650萬用戶」，一天的用電量約3,900萬kWh。若以東京巨蛋進行職棒比賽時，每天用電量約5～6萬kWh計算的話，東京都每天用電量相當於東京巨蛋650次職棒比賽的用電量。

只要懂得聰明省電，也許就能讓火力先生和核能先生好好地休假。

接著是減少熱量釋出。因為空調是將室內的熱排放到屋外，所以不用空調，就能減少排放到屋外的熱。

相當於 20 萬台電暖器釋出的熱量？
空調的排熱量可以用「室內的熱量＋室外機內部壓縮機的熱量」來計算。但不一定要用這麼複雜的方式計算，也可以排除室外機的熱量來計算。

一台空調（4 坪大適用）一天排出的熱量約 30kW（2.5kW／h×12 小時），所以 650 萬用戶一天排出的熱量為 19,500 萬 Wh，相當於街上擺了 19.5 萬台電力 1000W 的電暖器。試想在火辣辣的豔陽下，擺了將近 20 萬台的電暖器，東京的夏天能不酷熱嗎？

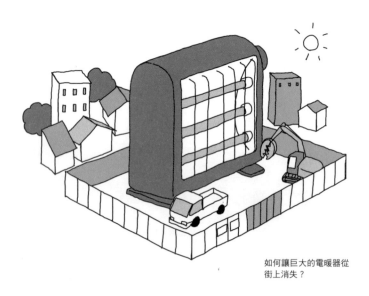

如何讓巨大的電暖器從街上消失？

改變人際關係

雖然只是出於想像（也或許純粹是我個人的願望），總覺得「不需要空調的家」也能改變人際關係。

讓家人之間的關係更親密

空調的優點在於能讓每個房間的舒適度都一樣。相反的，活用自然力的住居，則是盡量模糊化房間之間的區隔，利用整體建築物控制熱與風。只要打造一處能讓每個人自然聚集的地方，便能促進家人之間的交流。

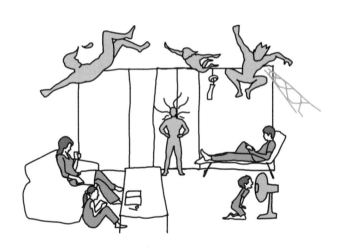

夏天時，不再緊閉窗戶吹空調，也是增進與鄰居交流的好方法。

HOW MUCH！
完全自宅發電的家

我最近接觸的建案中，不少屋主都會提出這般要求：「希望打造活用自然力，能夠自宅發電的家。」我能理解他們的希求。那麼，什麼樣的系統組合才能回應他們的需求呢？不妨試著模擬一下吧。

　一般住宅與電力公司簽約的供電量為10kW，而且全是來自大自然能量，光是最主要的太陽能發電，便足以確保一半（5kW）的供電量。初期投資成本為350萬日圓（約101.5萬台幣），不過因為能量來自陽光，因此遇到太陽不出來的陰天、下雨天，還有夜間便無法發電，這時必須靠家用蓄電器補強，只要兩台總容量9kWh的蓄電器就夠了，一台約150萬日圓（約43.5萬台幣），兩台就要300萬日圓（約87萬台幣），但每五年必須換一次電池，一台電池設備要價50萬日圓（約14.5萬台幣）。

　剩下的供電量靠的是風力和水力，家用風力發電3kW（風速12.5m/s的額定輸出），水力風電2kW（落差10m，流量17/s的最大輸出），兩種合計10kW。無論風力發電還是水力發電，發電量1kW的一台要價約200萬日圓（約58萬台幣），5台合計1,000萬日圓（約290萬台幣）。

所以光是一開始投下的成本就高達1,650萬日圓（約478.5萬台幣），不過要是認為砸錢就能搞定一切，可就大錯特錯了。因為自然能量會受天候影響，無法隨時保持穩定的發電量，所以平常還是要盡量節約用電，像是減少照明器具（可以用蠟燭替代）、用灶煮飯、用圍爐代替暖氣，用扇子代替冷氣……雖然這樣的生活方式也頗有樂趣，但屋主真的能接受嗎？

若有人不惜砸下重金，也要建造一座使用自然能量發電的住宅，請務必和我聯絡。此外，也可以利用地熱、井水等其他自然能量發電，但一定要了解，靠自然力發電可是一筆不小的花費。

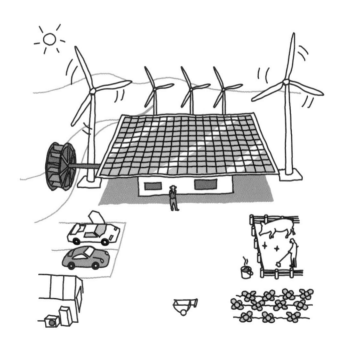

如何打造
不需要空調的家

風道之家 | 東京都國分寺市

6,300

臥房

廚房

客廳

陽台

9,450

2,000

二 F 平面圖 S＝1：250

6,300

臥房

臥房

9,000

N

一 F 平面圖 S＝1：250

建築物概要　家庭成員：夫婦＋小孩1人
協力設計：archi-air（二瓶涉）· 空間工學研究所（岡村仁）· ymo（山田浩幸）
施工者：Team-low energy house（TH MORIOKA）
建地面積：105.62 ㎡（32 坪）　建物面積：63.4 ㎡（19 坪）
樓層面積：84.44 ㎡（25 坪）　結構：RC 造＋木造

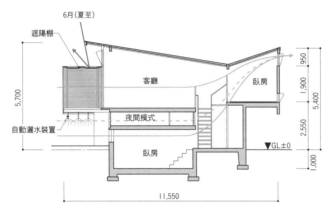

6月(夏至)

遮陽棚

5,700

客廳

臥房

950

1,900

5,400

夜間模式

2,550

自動灑水裝置

臥房

▼GL±0

1,000

11,550

南北立面圖（夏季）S＝1：200

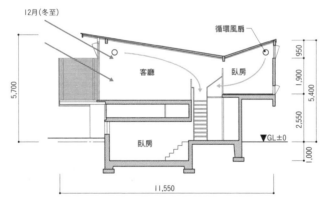

12月(冬至)

循環風扇

5,700

客廳

臥房

950

1,900

5,400

2,550

臥房

▼GL±0

1,000

11,550

南北立面圖（冬季）S＝1：200

風從哪裡引入？

因為位於建地南側的隔壁人家有一大片竹林，所以夏天從那裡吹來的風，十分舒暢。面向南側的大窗戶設計成裝有木製百葉窗板的陽台，不但可以引入涼爽的風，還能確保隱私。陽台上方裝設手動操控的「遮陽棚」，可以隨意控制日照。屋內的門一律設計成拉門，更能引入夏日涼爽的風。臥室面向南側，採半地下室設計，加上南側陽台下方設有自動灑水裝置，夏天拜氣化熱效果，涼爽的風從臥房經由挑高門廳，往樓上吹。

①建物北側光景。屋頂形狀的特殊設計是為了夏天能引進涼爽的風，冬天有充足日照。
②明亮的陽光從開在上方的採光窗照射進來。
③陽台上方裝設手動操控的遮陽棚，可隨意控制日照。
④樓梯設置於屋內中央，夏天涼爽的風會從下方往上吹。

①②攝影：archi-air
③④攝影：坂下智廣

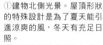

屋主的心聲

夏日晚上只要打開設於半地下室的通氣窗以及北側窗戶，坐在二樓便能感受到從樓下吹來的陣陣涼風。加上夏日午後開啟自動灑水裝置，便能發揮更大效果。冬天關上「遮陽棚」，客廳內日照充足，根本不需要開暖氣。

金石西的住宅 | 石川縣金澤市

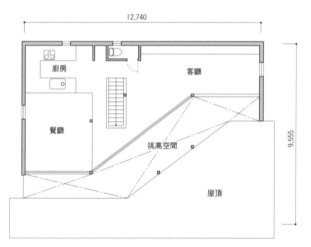

12,740

廚房

客廳

餐廳

挑高空間

屋頂

9,555

二F平面圖 S＝1：200

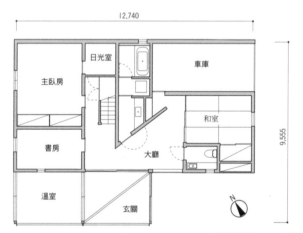

12,740

日光室

車庫

主臥房

和室

書房

大廳

溫室

玄關

9,555

N

一F平面圖 S＝1：200

建 築 物 概 要　│　家庭成員：夫婦
協力設計：NKAE ARCHITECTS（中永勇司）・OHNO JAPAN（大野博史）・ymo（山田浩幸）
施工者：加賀建設
建地面積：243.52 ㎡（74 坪）　建物面積：121.75 ㎡（37 坪）
樓層面積：167.72 ㎡（51 坪）　結構：木造

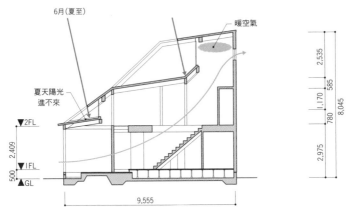

6月（夏至）

暖空氣

夏天陽光
進不來

▼2FL

2,409

▼1FL

500

▲GL

2,535

585

8,045

1,170

780

2,975

9,555

南北立面圖（夏季）S＝1：200

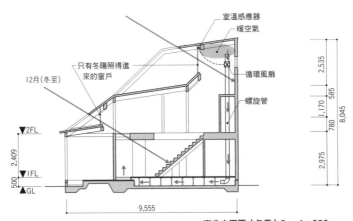

室溫感應器

暖空氣

只有冬陽照得進
來的窗戶

循環風扇

12月（冬至）

螺旋管

▼2FL

2,409

▼1FL

500

▲GL

2,535

585

8,045

1,170

780

2,975

9,555

南北立面圖（冬季）S＝1：200

屋頂形狀與日照的關係

冬天的金澤市日照時間短，很多家庭白天還是必須開燈，所以
蓋在金澤市的住宅，屋頂形狀必須考慮能夠有效採光。這棟住
宅的屋頂設有兩扇採光窗，能有效控制日照量。其他窗戶的尺
寸以及屋簷長度的設計，都是為了能阻隔金澤市夏天超過
30℃的日照。夏天時，從設在門廳下方的窗戶引入涼爽的風，
同時排出來自室內上方的熱氣。

①別具特色的屋頂。能有效阻隔夏日豔陽，引進溫暖冬陽的採光窗面向正南方，與屋頂呈一體化設計。

②從採光窗射進來的陽光照亮二樓客廳。

③二樓的 LDK。夏天時，滯留天花板一帶的熱氣可經由北側上方的窗戶排出，冬天利用導管回收熱氣，一樓地板成了簡易暖氣。

④設於建築物中央的樓梯，夏天有涼風由下往上吹。

⑤設於一樓大廳的通風口，一打開，就有一股風由南往北吹。

①～⑤攝影：NKAE·ARCHITECTS

Y 邸 | 山梨縣甲府市

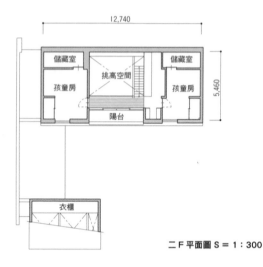

12,740

5,460

儲藏室　挑高空間　儲藏室

孩童房　　　　孩童房

陽台

衣櫃

二F平面圖 S＝1：300

14,710

15,470

玄關　廚房　客廳　起居室

木板陽台

臥房

陽台

N

一F平面圖 S＝1：300

建 築 物 概 要 | 家庭成員：夫婦
協力設計：MISAWA HOUSES 東京・ymo（山田浩幸）
施工者：新津組
建地面積：320.83 ㎡（97 坪）　建物面積：122.39 ㎡（37 坪）
樓層面積：159.68 ㎡（48 坪）　結構：木造

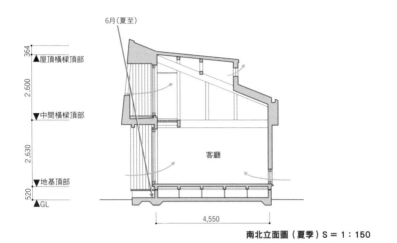

6月(夏至)

364 ▲屋頂橫樑頂部

2.600

▼中間橫樑頂部

2.630

客廳

▼地基頂部

520

▲GL

4,550

南北立面圖（夏季）S＝1：150

12月(冬至)

室溫感應器

熱氣

循環風扇

364 ▲屋頂橫樑頂部

2.600

▼中間橫樑頂部

螺旋管

2.630

客廳

▼地基頂部

520

▲GL

4,550

南北立面圖（冬季）S＝1：150

徹底活用日照的熱

當初是設計屋頂朝南側傾斜，但為了引進溫暖冬陽，改成朝北側斜，並在 5 處地方設計天窗（夏天也可以遮光），再利用設置在天花板一帶的「循環風扇」與螺旋管將陽光引進一樓地板，吹送溫暖的風。夏天打開位於南側的窗戶以及北側的採光窗，便能保持通風狀態。就某種意味來說，是相當符合理論的設計。

湧水之家 │ 滋賀縣東近江市 │

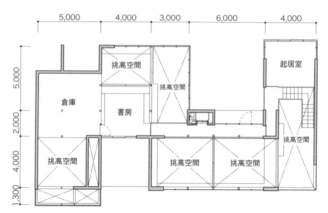

| 5,000 | 4,000 | 3,000 | 6,000 | 4,000 |

挑高空間

挑高空間

起居室

倉庫

書房

挑高空間

挑高空間

挑高空間

挑高空間

挑高空間

二F平面圖 S＝1：300

| 2,000 | 3,000 | 4,000 | 3,000 | 6,000 | 4,000 |

廚房

露台

遊戲間

主臥房

中庭

起居室

客廳

玄關

一F平面圖 S＝1：300

建築物概要 │ 家庭成員：夫婦
協力設計：Chemical Design・Arup Japan・ymo（山田浩幸）
施工者：大寶柊木／蒲生工務店
建地面積：666.49 ㎡（201 坪） 建物面積：228.09 ㎡（69 坪）
樓層面積：313.79 ㎡（95 坪） 結構：鋼筋造

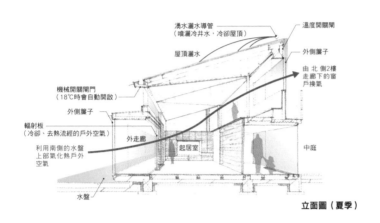

湧水灑水導管
（噴灑冷井水，冷卻屋頂）

溫度開關閘

屋頂灑水

外側簾子

由北側2樓
走廊下的窗
戶換氣

機械開關閘門
（18℃時會自動開啟）

外側簾子

輻射板
（冷卻、去熱流經的戶外空氣）

外走廊

起居室

中庭

利用南側的水盤
上部氣化熱戶外
空氣

水盤

立面圖（夏季）

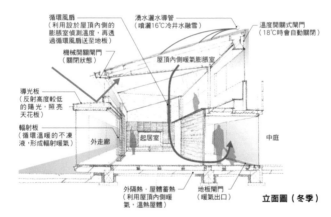

循環風扇
（利用設於屋頂內側的
膨脹室偵測溫度，再透
過循環風扇送至地板）

湧水灑水導管
（噴灑16℃冷井水融雪）

溫度開關式閘門
（18℃時會自動關閉）

機械開關閘門
（關閉狀態）

屋頂內側暖氣膨脹室

導光板
（反射高度較低
的陽光，照亮
天花板）

輻射板
（循環溫暖的不凍
液，形成輻射暖氣）

外走廊

起居室

中庭

外隔熱，屋體蓄熱
（利用屋頂內側暖
氣，溫熱屋體）

地板閘門
（暖氣出口）

立面圖（冬季）

太陽、風以及井水

這棟住宅一帶的地下水似乎特別多。往地底挖掘 10 公尺左
右，三不五時就會噴出 15℃、每分鐘約 30 公升的地下水。
因此藉由設於建築物南側的水盤貯存水（一部分貯存於地下水
槽），夏天由南方吹來的風，將水盤的水予以汽化熱後，輸送
至室內。南側外走廊與客廳之間，設有「冷卻用散熱板」，藉
以提升流經其中的地下水冷卻室內的效果，有些豪宅也設有這
般裝置。拜這裝置之賜，遇到像是 2010 年破紀錄的酷暑盛
夏，也幾乎沒開冷氣。

KISIRU 本社 | 靜岡縣濱松市

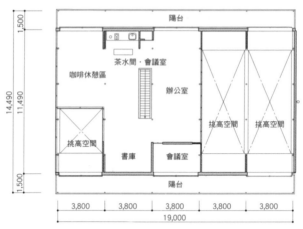

二F平面圖 S＝1：300

一F平面圖 S＝1：300

建築物概要 | 辦公室兼店鋪
協力設計：SUWA 製作所（真田大輔）・S.D.G 建築設計事務所（相原俊弘）・ymo（山田浩幸）
施工者：中村組
建築面積：1514.83 ㎡（458 坪） 建物面積：384.22 ㎡（116 坪）
樓層面積：383.55 ㎡（116 坪） 結構：1 樓：RC 造 2 樓：鋼筋造＋木造

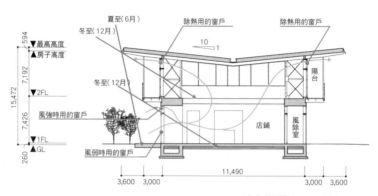

南北立面圖 S = 1：600

- 夏至(6月)
- 冬至(12月)
- 除熱用的窗戶
- 除熱用的窗戶
- 冬至(12月)
- 陽台
- 風強時用的窗戶
- 店舖
- 風除室
- 風弱時用的窗戶
- 最高高度
- 房子高度
- 2FL
- 1FL
- GL
- 594
- 7,192
- 7,426
- 260
- 15,472
- 3,600 / 3,000 / 11,490 / 3,000 / 3,600
- 10 / 1

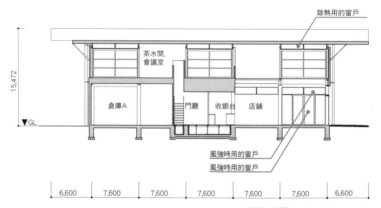

東西立面圖 S = 1：600

- 除熱用的窗戶
- 茶水間,會議室
- 倉庫A
- 門廳
- 收銀台
- 店舖
- 風強時用的窗戶
- 風強時用的窗戶
- GL
- 15,472
- 6,600 / 7,600 / 7,600 / 7,600 / 7,600 / 7,600 / 6,600

找對方位很重要

這案例是位於靜岡縣佐鳴湖畔，正在建蓋中的店舖兼辦公室。當初是計畫面朝湖側興建，但考量到夏天隔熱，冬天保持充足日照等因素，變更為面朝南側的設計。南北側的窗戶分為引入涼風以及日照用的窗戶，建築物東側的店舖與西側的倉庫，設計成挑高 7 公尺高的空間，加上開放式隔間設計，讓整棟建築物具有良好的通風設計。

配置與形狀

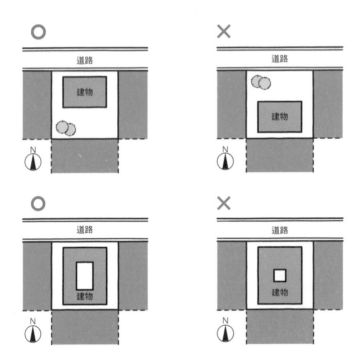

確保建築物南側留有空間

沒有空調的住居，就是與大自然為友的住居。實現不需要
空調計畫的第一步，就是確保建築物南側留有空間。要是
不這麼做的話，便無法充分得到太陽與風的恩賜。建地前
的道路若是位於南側的話，那就沒問題；若不是的話，那
就確保建築物南側留有空間，能夠引入自然力就行了。就
算是建於住宅密集的地方，也一定有辦法解決。

冬陽與夏風是大自然的恩賜

關於建築物的配置，第一要點就是引入來自建築物南側的「冬陽」，只要確保這一點，夏風也會自動送上門。至於「留白」的空間，無論道路或是鄰居的庭院都 OK，但要是停車場就要注意了。因為不乏之後改建成住宅的例子。

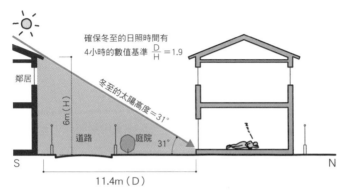

如何確保一樓也有充足的日照？
只要以日照量最少的冬至（一年之中，太陽高度最低的一天）為基準，「留白」11 公尺就行了。

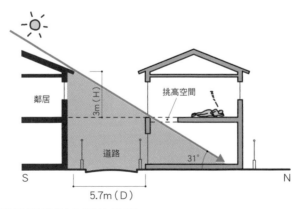

至少二樓能享受到充足的日照
若寬度不到 6 公尺，至少二樓一定能享受到日照。若為挑高空間，那麼一樓也能享受到日照。

若是南側留有空間的話

確保建築物南側留有空間的原則，可是打造「不需要空調的家」
的一大要件。若是一切從零開始設計的話，絕對能確保這原則，
但若是建商蓋好銷售的住宅，一旦設計錯誤，想靠改建修正錯誤，
可就不是一件簡單的事了。

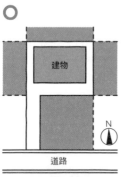

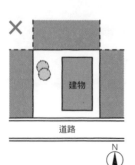

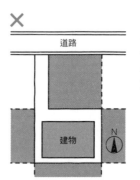

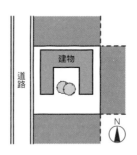

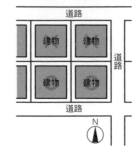

形狀可自由變換
只要確保南側留有空間，
無論是L形建築物，或是
字形建築物都OK。

旗桿位於南側
也有像是旗桿形狀的建
地，只要「桿子」部分位
於南側就行了。

切忌呈南北縱長形
縱長形建築物一旦配置為
南北向，夏天時，來自東
西兩側的強烈日照會讓屋
內更悶熱。

若是購買建商蓋好的
房子
因應人口密集的都市地
區，建商會推出沒有庭院
的住宅，記得一定要選道
路位於南側，避免選道路
位於北側的住宅。

104

用巧思彌補形狀的缺憾

就算建築物的立面形狀已經無法改變，引入冬陽還是人們最大的渴望。比起一樓、二樓面積相同（完整的 2 層樓建築物）的建築物，二樓南側缺一部分的建築物更容易引入冬陽。

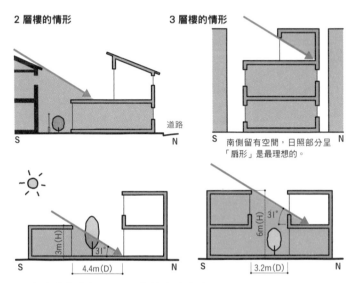

2 層樓的情形

S　　　　　　道路　　N

3 層樓的情形

S　南側留有空間，日照部分呈　N
「扇形」是最理想的。

3m(H)　31°　4.4m(D)
S　　　　　　　　　N

6m(H)　31°　3.2m(D)
S　　　　　　　　　N

中庭式住宅的日照取決於庭院大小

若中庭式住宅一樓也要有充足的日照，中庭至少要寬9.5m距離（冬至時）。不過，若南側建築物是平房的話，只需4.4m就行了。若只求至少二樓有日照的話，那3.2m就夠了。

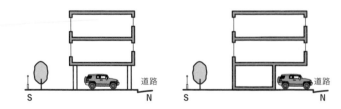

S　　　　　道路　　N　　　　　　S　　　　道路　　N

若北側是道路，建築物往上蓋就對了

若建地前的道路位於北側，那就將車庫設於建築物下方，南側留有空間也是一個方法（若建地寬廣，就沒這必要了）。

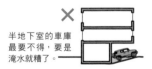

半地下室的車庫最要不得，要是淹水就糟了。

住宅密集區的解決之道

我常聽到這般抱怨：「就算想從南側引進日照和風，但位於地窄人稠，住宅密集的都市區，根本不可能吧？」其實不然，還是有解決之道。

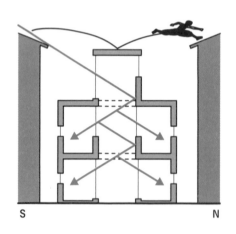

由上方引進日照

若建地四周都被建築物包圍，不妨試著由建築物上方引進日照。由南側窗戶引進的日照，透過內部反射作用可以到達一樓。牆壁使用反射效果高的白色系材料或塗料，效果更好。

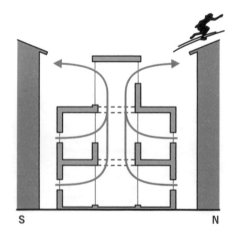

利用風是上升氣流的原理

一旦四周都是建築物，便很難期待有什麼良好的通風效果。遇到這般情形時，建議建築物可以設計成容易產生溫差的形狀，打造易於發生上升氣流的環境【→ 38 頁】。而且為了能夠順利排出往上吹的氣流，上方窗戶最好設計成容易開關的窗戶。

狹窄建地的案例

二樓平面圖

立面圖

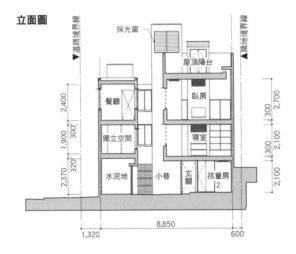

中央挑高空間設置螺旋梯

這是位於東京都心住宅密集區的住宅。建築物中央挑高4層樓的
空間中，設置螺旋梯。挑高空間上方有採光窗，確保日照充足。
夏天時，打開採光窗（設有操控裝置開關），由配置樓梯四周的各
房間通風口，吹來的涼風會往上吹。冬天時，則是藉由吊扇將滯
留於挑高空間上方的熱氣往下送。

「東山之家」S＝1：250
意匠設計：堀部安嗣建築設計 事務所

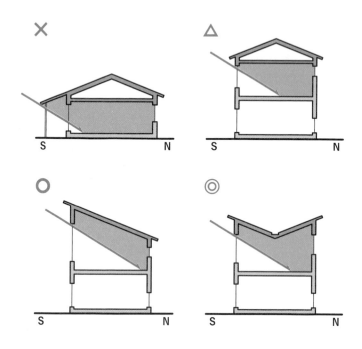

蝴蝶狀屋頂真的最理想嗎？

「希望能盡量引進冬陽」這是屋頂形狀的一大訴求點，也就是南側能有一扇大窗戶，是最理想的形狀。關於這一點，像以前那種兩邊往下斜的大屋頂是最不理想的，至於斜坡式屋頂也可能因為傾斜方向不佳，影響日照效果，因此蝴蝶狀屋頂算是比較理想的形狀，不但能引進充足日照，通風也很順暢，但要注意可能會發生漏水的問題。

猶如河馬般，盡量張大嘴

只要能從南側引進充足的日照，就能打造一處即便冬天也不用開暖氣的溫暖空間。「那夏天不就酷熱得像地獄嗎？」話是沒錯，但請想想，前面不是提到利用簾子，對抗豔陽的方法嗎？【→ 52 頁】

1 ㎡的窗戶＝ 100W／h
好比從南側一面1㎡的四方形窗戶，引進的熱能約100W／h（指的是冬天晴天時的東京都）。以電暖器能量為1,000W計算，其中的1／10來自自然力。

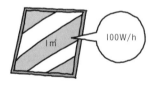

山形屋頂

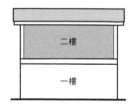

斜坡式屋頂

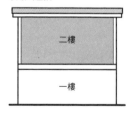

屋頂形狀足以影響二樓窗戶面積的大小

窗戶越大越好嗎？
雖說窗戶越大，引進的日照越充足，但「南側是一整片玻璃」也不是最理想的狀況。其實只要確保從南側窗戶引進的日照量合計約 10 ㎡就行了。畢竟窗戶過大，反而會有隔熱方面的問題。

藉由高低差，改善通風狀況

屋頂形狀也會影響通風狀況。夏天的風，作為出風口的北側越高，建築物的最高處與最低處的溫差就越大，更能活化氣流的流動【→ 39 頁】。

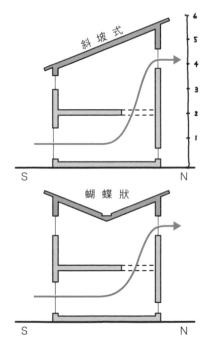

建築物上下之間的高低差越大，氣流越容易流動

窗戶位置較高的屋頂

斜坡式屋頂的高低差比較大，北側越高，引進日照的南側就越低。關於這一點，蝴蝶狀屋頂能同時解決日照充足與通風這兩大要點。若只能優先考慮一項，當然是日照優先於通風（反正還有很多方法可以改善通風狀況）。

倒也不是說屋頂一定要呈蝴蝶狀，才能確保通風狀況

仿效以前的屋頂形式，也是一個方法

以前的人就懂得在屋頂上下功夫，改善室內的通風狀況。日本傳統的「越屋頂」，也就是在屋頂上加個小屋頂的作法，還有傳統西洋建築的「dormer」（屋頂窗、老虎窗），都是具有採光、通風（煙囪）等功能。

毫無意義的綠化 vs 有效的井水

一提到屋頂，就會想到近來流行的屋頂綠化，但往往立意不明確，
形同白費功夫。

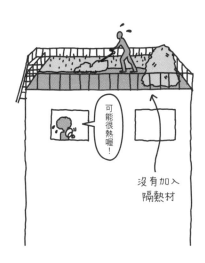

✗ 強化屋頂的隔熱性

絕大部分的屋頂綠化都會用到土壤，
但土壤的隔熱效果並不高。以厚度約
20mm 的隔熱材（發泡樹脂隔熱材）
來說，要想得到一樣的隔熱效果，必
須鋪上厚約 500mm 的土壤。因此，
土壤要達到與隔熱材一樣的隔熱效
果，工程頗浩大。

○ 讓屋頂成為一處遊憩空間

既然無法期待綠化達到隔熱效果，那
就在平坦的屋頂鋪上草地，不但可以
成為一處遊憩空間，對於抑制熱島效
應也多少有些貢獻。

其實井水的隔熱效果最好

其實就某種意味來說，「屋頂灑
水」是打造舒適室內環境最有效
的方法。若建地有井當然最好，
如果是一挖就能挖到地下水的地
方，當然一定要挖口井，利用井
水達到隔熱效果。畢竟光是在屋
頂灑水，便能讓夏天的室溫降低
2℃，靠的完全是自然力。

98 頁介紹的「湧水之家」，就是因為建地內
隨時都會冒出 15℃的地下水，因此設置了
每隔 10 分鐘就會自動灑水的裝置。之所以
要利用井水，是因為屋頂灑水需要大量的
水，要是使用一般自來水就太浪費了。

窗戶〔日照對策〕

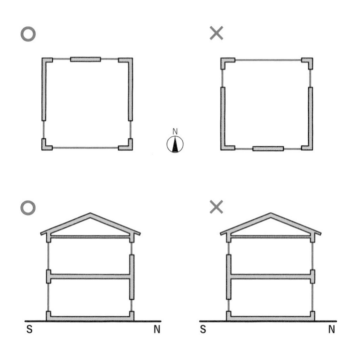

以冬天為基準

窗戶與日照是息息相關的，而且夏天與冬天的情況必須分開思考。像是夏天如何隔絕侵入室內的強烈紫外線，或是冬天如何引進日照，溫暖室內等，都是必須思考的要點。關於這方面，有各種針對窗戶位置、尺寸以及屋簷長度的計算方法。以前的民家都是以「夏天為基準」，所以屋子都會蓋得比較深，但現今建築技術發達，應該以「冬天為基準」，才能更有效率地打造舒適的室內環境。

冬天的窗戶 > 夏天的窗戶

確保建築物南側的空間，設計容易引進日照的屋頂，並在南側開扇大窗戶。這扇大窗戶的作用，就是於 10 月～ 3 月的寒冷時節，能夠有效引入充足的日照。

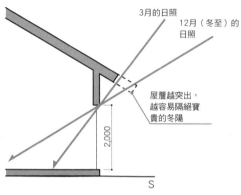

3月的日照

12月（冬至）的日照

屋簷越突出，越容易隔絕寶貴的冬陽

2,000

S

南側的屋簷避免太突出

南側窗戶的裝設基準，主要是看屋簷突出尺寸。要是為了隔絕夏天過於強烈的日照，而將屋簷設計得過於突出，反而無法順利引入充足的冬陽。

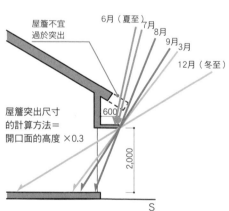

屋簷不宜過於突出

6月（夏至）
7月
8月
9月 3月
12月（冬至）

屋簷突出尺寸的計算方法＝開口面的高度 ×0.3

600

2,000

S

最理想的屋簷尺寸

屋簷突出尺寸計算基準為：「開口面的高度 ×0.3」，這是以隔絕夏至（6 月 22 日左右）前後，1 個半月的日照為準的計算方法。8 ～ 9 月中旬時，建議搭配使用簾子等物品，加強隔熱效果。窗戶開得越大，越要注意夏天隔絕日照的防護措施。

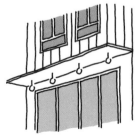

不妨在屋簷下方，事先裝上簾子用的掛鈎（有些簾子附有掛鈎）

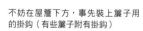

東西側窗戶也是以冬天為基準

那麼，東西側窗戶又如何呢？「因為夏天西曬強，所以西側窗戶小一點比較好」有此一說。其實東西側窗戶和南側窗戶一樣，應該要以能夠引進日照來考量。

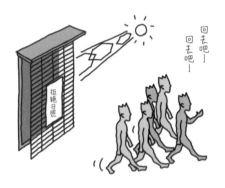

回去吧！
回去吧！

拒絕日照

東西側窗戶也必須加掛簾子
東西側的太陽高度本來就比南側低，所以不管是什麼形狀的屋簷，都會引入日照。若沒有加掛簾子，或是裝設高性能玻璃窗，便無法隔絕強烈日照。

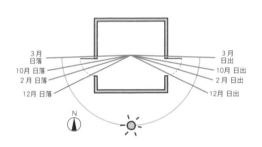

3月
日落

10月 日落
2月 日落

12月 日落

3月
日出

10月 日出
2月 日出

12月 日出

N

盡量設在南側
夏天的防護對策很萬全，那冬天呢？盡量將窗戶設在 10 月 ~3 月的寒冷季節，容易引進日照的位置，也就是「盡量設在南側」。

窗子好大，
好冷喔！

北側窗戶可以小一點
幾乎不會有陽光照進來的北側窗戶，可以不必列入考慮（雖然與通風有很大的關係）。但若窗戶開得太大，恐怕會產生「cold draft 現象」（窗玻璃導致冷空氣成為下降氣流）。

依方位的不同，選擇玻璃

窗戶是打造「不需要空調的家」的一大要素，因此要盡量選擇性能好一點的窗玻璃，「Low-E 玻璃」（低輻射鍍膜玻璃）就是高性能玻璃的代表。Low-E 是 Low-Emissivity 的略稱，也就是「低輻射」的意思，玻璃表面施以特殊金屬鍍膜，強化玻璃對於輻射的反射率。

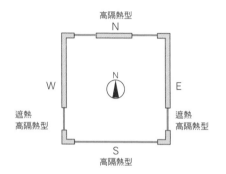

依東西與南北的不同來選擇

「Low-E 玻璃」（低輻射鍍膜玻璃）分為隔熱性高的「高隔熱型」，以及附加遮熱功能的「遮熱高隔熱型」等兩種，建議依方位來選擇。

南側＝高隔熱型
雖然遮熱功能高的玻璃，能有效阻隔夏日豔陽，但就怕連南側引進的冬陽都隔絕掉。

東西側＝遮熱高隔熱型
光靠屋簷並無法阻隔的夏日豔陽，可以使用遮熱高隔熱型玻璃阻隔（搭配簾子使用，效果更好）。因為東西側引入冬陽的時間短，所以就算使用遮熱型玻璃也沒什麼影響。

北側＝高隔熱型
一年當中很少有日照的北側，使用高隔熱型玻璃就夠了。

這邊是南側，所以不需要遮熱

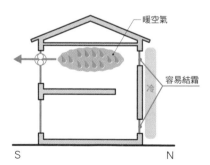

避免北側窗戶結霜

住宅中最容易結霜的地方，就是「北側的窗玻璃」。冬天，戶外冷空氣會冷卻玻璃，室內卻相對溫暖，因此產生極大溫差。所以就算預算再怎麼緊，至少北側一定要使用高隔熱型的 Low-E 玻璃（低輻射鍍膜玻璃），才不會後悔。

附帶一提，最不容易結霜的是位於一樓南側的窗戶

南側窗戶的配置情況

接下來，就來看看一些案例的窗戶是如何配置吧。以「風道之家」
【→ 88 頁】為例，南北側的窗戶是重點。

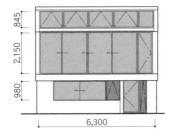

南面

845
2,150
980
6,300

北面

680
350
300
6,300

引入日照與風

南側二樓設計了能夠引進充足日照的落地窗，窗前陽台設有欄杆，確保隱私。上方是通風用的窗戶，主要是為了確保夏天時的通風狀況。南側一樓的百葉窗是夜間用的通風口，北側則是設計許多扇作為出風口的小窗。

窗戶尺寸分成大中小，方便調整風量。

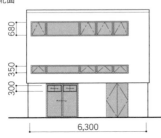

6月（夏至）
7月
8月
風
簾子

冬
2月 1月
12月
（冬至）
700
拉門

夏天模式

從旁觀察南側二樓窗戶，夏天日正當中時，除了用簾子遮擋豔陽，還要打開窗戶通風，夜晚則是打開上方窗戶通風。

冬天模式

雖然引進日照很重要，但窗戶一大，日落後室內的熱氣也驅散得快，因此天一黑，就要關上窗戶，避免熱氣散掉。雖然貼上隔熱紙是一個方法【→ 117頁】，但老祖宗時代就使用的拉門更有效。

五大隔熱利器

要想夏天過著不開空調的生活，就必須盡量隔絕來自戶外的熱氣與輻射，促進室內空氣流通。在此推薦五項能輔助窗戶有效隔絕夏日豔陽的利器，而且都是家家戶戶都能使用的東西。

第一名 簾子（竹簾）
前面已經介紹過好幾次，在我心目中堪稱永遠的第一名。因為價錢不貴，可以每年更換，也省去保養功夫。真正是低成本，高效率，又具有隱蔽性的絕佳利器。

第二名 活動式百葉窗
因為百葉窗的角度可以調整，就算關上外頭的遮雨窗，也不會影響日照與通風狀況。1 扇約 3 萬日圓（約 8900 台幣）左右，可以和現有的遮雨窗交替使用，又能高度確保隱私。

第三名 隔熱紙
剖面如蜂巢般的隔熱紙，隔熱性能非常好。除了具有一定的遮熱效果之外，冬天也能發揮保暖效果，而且可以用水清洗是一大優點。

第四名 拉門
這是傳自老祖宗時代的道具，夏天的隔熱效果還好，冬天的保暖效果絕佳。一提到拉門，就會讓人聯想到和風設計，其實現在也有以塑膠板代替拉門紙的設計，所以也能融入西式風格的室內裝潢。

第五位 外側的隔熱簾
裝在窗戶外側的隔熱簾，雖然價格比較高，但冬天的保暖效果不怎麼樣，夏天的隔熱效果倒是非常好。

活動式遮陽棚，一年四季都能使用
活動式遮陽棚，不但一年四季都能使用，還能隨意操控日照量，因此「活動式遮陽棚」也是我很推薦的一項隔熱利器。

④ 窗戶〔通風對策〕

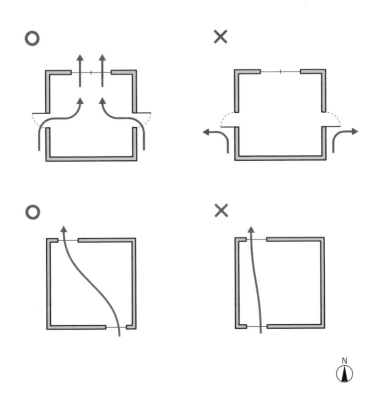

窗戶是決定一切的關鍵

打造「不需要空調的家」，關鍵在於窗戶。只要窗戶的位置、形狀、尺寸不對，就無法達到良好的通風效果，也就無法營造舒適的室內環境。譬如，東西側的窗戶要設在能夠捕捉到由南側吹來的風的位置，或是入風口設於東側，出風口就要設在西側等要訣，只要花點工夫便能得到莫大效益，所以窗戶是決定一切的關鍵。

風要順暢地流動，才能打造舒適的環境

夏天的風要能順暢地在室內流動，才能打造舒適的環境。通風用的窗戶有兩個基本原則，一是「必須要有入風口和出風口」，二是「風必須由下往上流動」。

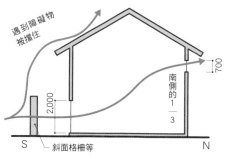

若南側是下方，北側就是上方

考量到要引進充足的冬陽，所以南側窗戶盡量開得大一點。相反的，北側窗戶就必須基於以下兩項原則來考量。

① **尺寸約為南側窗戶的 1/3 ～ 1/2**

② **盡量呈橫長狀，設於建築物上方**

這麼一來，氣流便能順暢流動。

東西側窗戶以長方形為佳

東西側窗戶必須花點工夫，才能順利捕捉到由南側吹來的風。東西側窗戶形狀以長方形為佳，而且最好是朝外或朝內推開的窗戶，而不是左右推開式的窗戶。

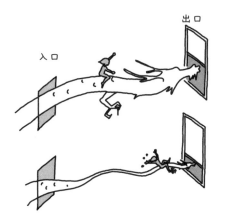

出口側的窗戶負責調節風量

就像空調有調節風量的開關，自然風也可以調節。其實出口側的窗戶，就是負責調節風量的樞紐，藉由窗戶敞開，或是窗戶半開等，調節室內流動的風量。

窗戶應該盡量設在較高的位置

暖空氣一旦滯留在建築物上方,便容易「因溫差產生氣流」【→ 39 頁】。因此,只要將作為出風口的窗戶設於挑高空間或樓梯上方,夏天時,便能伴隨強烈的上升氣流,有效排出滯留在建築物上方的熱氣。

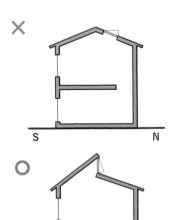

採光窗優於天窗

設於屋頂的天窗很適合作為出風口,但通風效果並不好。因為天窗除了容易接收太陽輻射,也很容易引進灰塵和雨,就算拉上簾子或百葉窗遮蔽,一打開還是無法避免這些問題。

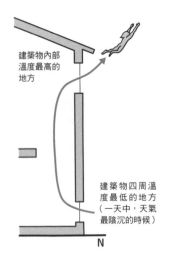

建築物內部溫度最高的地方

建築物四周溫度最低的地方(一天中,天氣最陰沉的時候)

北側窗戶的下方,再增設一扇窗

北側窗戶除了盡量設在高一點的位置之外,最好在下方再增設一扇橫長形窗戶。這麼一來,就算夏天沒有從南側吹來的風,這扇窗也能作為從別處吹來的風的入口。

溫差換氣(重力換氣)法則

隨著高低差增大,溫差也越大,更能有效促進換氣(通風),這就稱為「溫差換氣(重力換氣)。」屋外風速 1~2m/s 以下時,換氣效率最高。隨著風速增加,換氣(通風)量也會呈正比增加。

冬天也要開窗

不只「不需要空調的家」，大部分人家冬天都是緊閉窗戶，其實這麼做並不正確，至少要打開一扇窗，也就是作為出風口的北側窗戶。

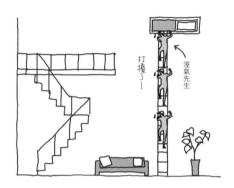

打開換氣窗，降低室內溼氣

冬天至少要打開一扇窗作為換氣窗，讓室內混濁的空氣隨著導致結霜的溼氣一起排出，而且這扇窗最好是可以細部調整的窗戶【→ 122 頁】。此外，也要考慮到風向會改變，所以盡量在南側上方增設一扇換氣窗。

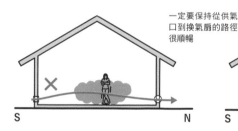

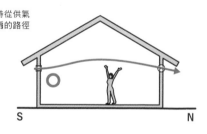

供氣口盡量設在高一點的位置

冬天還是要注意換氣的問題。試想，明明待在暖呼呼的室內，供氣口卻吹來一陣冷風，一定很不舒服，所以供氣口最好盡量設在高一點的位置。

供氣口的形狀

絕大部分的供氣口都是圓形，所以有人覺得：「其實供氣口也可以很有設計感」，於是細長形供氣口成了另一種能融入室內裝潢的選擇。

最推薦的五種通風窗

特地選了一處好位置，卻為了確保隱私，防範盜竊，而裝上不太容易打開的窗戶，這麼做就毫無意義了。建議換氣（通風）用的窗戶大小，約為地板面積的 15～25%，但重要的不是尺寸，而是能否調節風量。

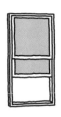

第一名
上下開的窗戶
不但方便調節風量，氣密性也很高，非常適合寒冷地區。

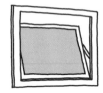

第二名
附有小換氣窗的左右推式窗戶
以往的國宅裝得都是這類型窗戶，也許你家也是。使用起來最方便。（但造型就有點……）

第三名
百葉窗
雖然氣密性與防盜性不是很好，但調節風量非常方便。

第四名
往內、往外推式窗戶
依成品不同，開關方式可能分好幾段，所以也是一個不錯的選擇。

第五名
左右推式窗戶
一般左右推式窗戶，使用起來很方便，但考慮到風量調節，最好注意一下尺寸大小。

打開

關閉

古代的防盜措施
不但要有換氣、採光功能，還要兼具防盜功能。古代有所謂的「無雙窗」，也就是窗戶關著，只要拉開內側有開孔的兩片木板，就會出現縫隙。目前市面上也有販售設計成現代風格的成品。

窗戶是用來引進日照？還是用來通風？

或許這麼說過於理想化，如果日照對策與通風對策都很完美的話，那麼打造「不需要空調的家」一事，幾乎大功告成。但有一點必須注意，那就是日照窗與通風窗最好區分，要是不留意這些細節，便無法發揮真正的功能。

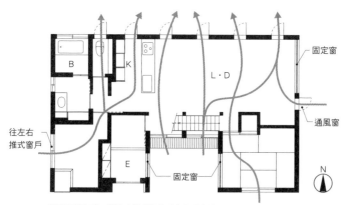

固定窗

通風窗

往左右推式窗戶

固定窗

N

通風用的窗戶，還是分散成好幾扇小窗戶比較好

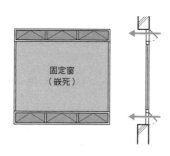

固定窗
（嵌死）

通風窗要容易開關

若南側有通風用的窗戶，那麼採光用的窗戶不妨使用「固定窗（嵌死）」。此外，若是通風用的窗戶又大又重，開開關關也很辛苦，所以通風用的窗戶還是要選擇容易開關的類型。

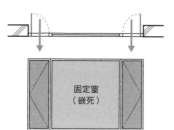

固定窗
（嵌死）

⑤ 挑高空間與樓梯

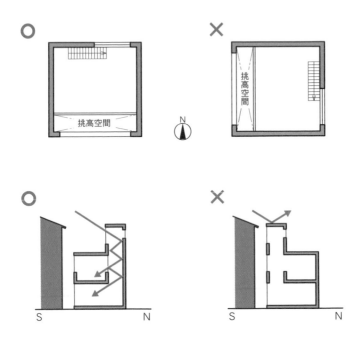

「豎坑」是最推薦的一種空間設計

若還有多餘空間（即便沒有），十分推薦採挑高空間的設計。若挑高空間設於南側，冬天從大窗戶引進的日照便能照射到一樓最裡面的空間。相反的，夏天則是形成從一樓往二樓吹的通風路徑。同樣的，「豎坑」的夥伴，也就是樓梯，依形狀、配置的地方、以及窗戶的位置等，搭配挑高空間可以發揮十足效果，所以挑高空間十分理想的家，住起來絕對舒適。

是要引進日照，還是風？

挑高空間與樓梯，依設計方式與配置地方的不同，所扮演的角色也不太一樣。

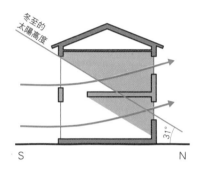

希望能引進充足的日照

若將挑高空間設於南側，二樓引進的日照便能照到一樓最裡面。以冬至（12 月 22 日左右）為基準，日照涵蓋的部分必須距離南側約 4m 深才行，要是沒辦法，至少也要有 1.8m（約 1 間）深。

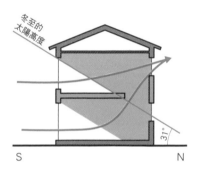

希望通風狀況良好

讓風能從北側的地板，由一樓最裡面往二樓流動，保持良好的通風狀況。挑高空間設於北側，最能利用建築物內部溫差，打造上升氣流，或是用樓梯替代也行。

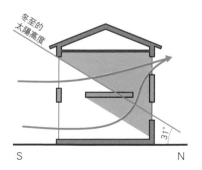

挑高空間與樓梯的組合

挑高空間設於南側，樓梯設於北側，便能讓太陽與風的力量發揮到最大效果。雖然現實情況很難做到，但如果能這麼設計的話，真的是再理想不過的居住空間。

挑高空間並非萬能

設置挑高空間確實能讓室內環境變得更舒適，但並非沒有任何缺點。要是一樓沒有天花板，空間的容量（氣積）變大，冬天就算開暖氣（對流式電暖器之類），室內也很難馬上變得暖和。

冬天挑高空間的抗寒對策

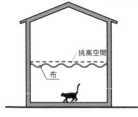 

可以用布之類的東西擋一下
最簡便的方法，就是用布之類的東西擋一下，只要氣積一變小，暖氣效果就會大幅提升。

開啟循環風扇
在二樓的天花板設置循環風扇，促使滯留在上方的暖空氣循環，而且最好裝設在離地板約 4 ～ 5m 高的位置，效果最好。

裝設地板暖氣
若是對流式的電暖器效果不佳，不妨改用傳導式的地板暖氣。

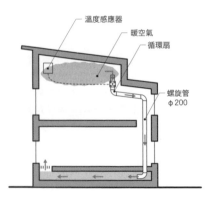

更進一步，更好的方法
若想活用蓄積在建築物上方的暖空氣，可以在二樓裝設導管，送風至一樓地板，但裝設費用約 20 萬日圓（約 5.8 萬台幣）左右，算是比較花錢的作法。

活用樓梯的訣竅

就某種意味來說，樓梯也是一種「豎坑」，所以樓梯和挑高空間是好搭檔。樓梯的活用方式與挑高空間差不多，卻可能發揮更好的效果。

樓梯的上下方，分別裝設窗戶
於樓梯的上下方，分別裝設窗戶。這麼一來，由下往上爬時，便容易製造上升氣流。

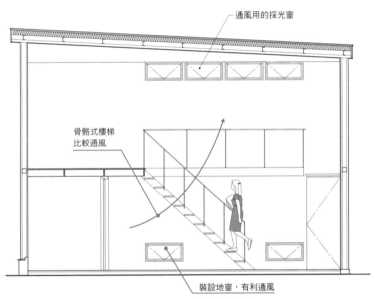

通風用的採光窗

骨骼式樓梯
比較通風

裝設地窗，有利通風

裝設骨骼式樓梯
就某種意味來說，縫隙多一點的形狀比較通風。俗稱「骨骼式樓梯」，也就是踏板與踏板之間沒有連結，所以風可以從踏板之間穿過。

樓梯直直地通往北側
直直一道樓梯的通風效果，比有緩衝平台的樓梯來得好，而且沿著北側牆壁設置的效果最好。

南側或北側，設在哪裡比較好？

雖然空間設計方面有些成規，但挑高空間與樓梯，不一定要按照理論來設計。接下來，舉幾個案例說明一下實際情況。

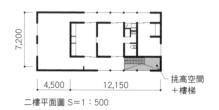

二樓平面圖 S＝1：500

南北立面圖 S＝1：500

一樓平面圖 S＝1：500

南側

挑高空間＋樓梯的組合

這棟住宅的南側與鄰居離得很近，所以一樓很難享受到充足的日照，因此將挑高空間＋樓梯的組合設於南側。至於通風方面，則是藉由各房間採拉門設計，讓風能順利地朝北側流動。

二樓平面圖 S＝1：350

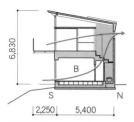

南北立面圖 S＝1：350

一樓平面圖 S＝1：350

北側

著重於夏天的通風狀況

因為這棟住宅位於地勢較高的台地，所以來自南側的日照十分充足。因此，將挑高空間與樓梯集中設於北側，確保良好的通風路徑。樓梯上方的窗戶可以手動操控。

東側、西側還是中央？設在哪裡比較好？

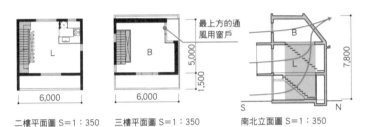

二樓平面圖 S=1：350 　　三樓平面圖 S=1：350 　　南北立面圖 S=1：350

最上方的通風用窗戶

一樓平面圖 S=1：350

東側、西側

樓梯由北朝南，往上設置

樓梯設於西側，而且是一道直直的骨骼式樓梯。因為是由北朝南，往上設置，從南側吹來的風就能順利往上吹。

二樓平面圖 S=1：400

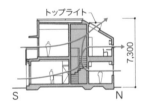

南北立面圖 S=1：400

トップライト

一樓平面圖 S=1：400

中央

匯集四周的空氣

樓梯設於中央時，樓梯與四周的房間沒有隔間，打造出通風狀況良好的環境。風可以由設於北側的天窗流出，當然採光窗的效果會比天窗更好。

起居室與拉門

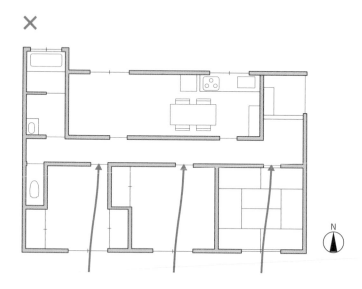

×

既能確保隱私，又能讓空氣流動順暢的方法

像是臥房、書房、孩童房等比較私密的空間，大部分人都習慣將門關上。如果日照夠充足，方位夠好的話，即便關門也能享受日照。然而，關上房門卻會影響整體住居的通風與換氣，因此我們要思考的是，是否有什麼能確保隱私，又能讓空氣流動順暢的方法？當然有，而且不需要什麼特殊裝置就能搞定。

促使空氣流動順暢的訣竅

打造舒適室內環境的方法之一，就是讓建築物內部的空氣（熱）保持流動。如同 122 頁，往內推的窗戶、百葉窗的通風效果不錯，若房間與房間（走廊）之間裝設這類型的窗戶，便能讓建築物內的空氣（熱）流動順暢。

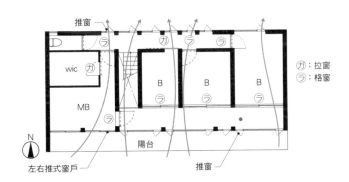

ᐧ：拉窗
ᐧ：格窗

推窗
wic
MB
B B B
N
陽台
左右推式窗戶
推窗

空氣流動順暢，就不容易產生溫差

房間與房間之間的空氣流動順暢，就不容易產生溫差。就算各房間沒有裝換氣扇，也能有效防止夏天暑氣悶熱，冬天溼氣高等問題。

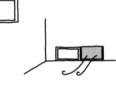

格窗
（向外推、向內推）
格窗就是天花板與拉門上框之間的裝飾板，原本是用來採光、通風、換氣等。若每個房間都能設置約 3,000cm² 大小的格窗，就能保持建築物內部的空氣流動順暢。

拉窗
窗板之間的縫隙也能促使空氣流動順暢。朝戶外的牆壁設置這類窗型，不但能確保隱私，還能引進外頭的風。

左右推的小窗
只要空氣流動順暢，就算是左右推的小窗戶也沒關係。

地窗
也許你以為只有和室才會裝設地窗，其實格窗搭配地窗的組合，能有效促使各房間產生自然換氣作用。北側地窗設於 7,500cm² 以上時，還可以做為沒有風時的通風口。

門縫的重要性

建築法規針對所謂的「病屋症候群」，明文規定必須設有「24 小時換氣」設置，也就是依每小時 0.5 次的比率，完全更換建築物內部的空氣。若沒有設置格窗，至少也要留個門縫。

⑦：門縫
⑤：拉門的縫隙
∞：換氣扇

門縫要留多大才夠？

門縫也是一種縫隙，也就是門板下方與地板之間的縫隙。那麼，要留多大的門縫，空氣才能流動順暢呢？

廁所約 15mm
門縫大小取決於「換氣風量」與「風速」。譬如廁所的門，換氣扇的風量為 50m³/h，風速 1.5m/s，門縫大小就必須為 100cm² 左右。若是門寬 750mm，門縫就必須為 15mm。

洗手間＋浴室為 40mm
若洗手間與浴室合併的話，假設換氣扇的風量為 160cm³/h，風速 1.5m/s，門縫就必須為 300cm²。若是門寬 750mm，門縫就必須達到 40mm！

看來門縫大小，不一定能完全符合實際情況。

供氣口的大小也會影響空氣量

其實進入室內的「空氣量」，也會影響是否能打造出沒有溫差，沒有溼氣滯留的舒適環境，重點在於供氣口的數量與尺寸。

6處地方以上

15cm

約 6 個直徑 15cm 的圓孔

供氣口的尺寸，主要是根據建築物內部所有換氣扇運轉時，需要多少風量所計算出來的空氣供給量。

以一般住宅為例，
· 廚房的抽油煙機風量：400m³/h
· 廁所的換氣扇風量：50m³/h
· 洗手間＋浴室的換氣扇風量：160m³/h

以上數值是一般風量。為了供應合計 610m³/h 的風量，因此所有供氣口的面積必須達 1,000 cm²（風速 1.5m/s 時）。也就是說，一戶必須在 6 處地方以上，設置直徑 15cm 的供氣口。

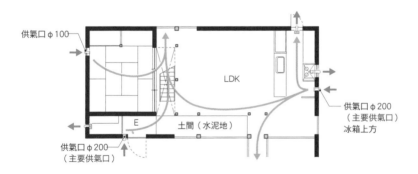

供氣口 φ100

供氣口 φ200
（主要供氣口）

LDK

E

土間（水泥地）

供氣口 φ200
（主要供氣口）
冰箱上方

最大的供氣口，應該裝設在玄關

「不需要空調的家」就是只要開關窗戶就能落實24小時換氣的計畫。所以最大的供氣口應該裝設在戶外空氣頻繁出入的地方，也就是玄關。這麼一來，不但不會讓居住者住得不舒服，也能讓冬天的空氣循環得更順暢。

五大好用電風扇

電風扇是增進空氣循環的最佳輔助工具。電風扇不僅是「讓風吹身體，感覺涼快的機器」，更是「增進空氣循環的機器」，以下是我推薦的五大好用電風扇。

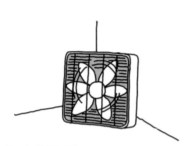

第一名 箱型風扇

箱型風扇是以增進空氣循環為目的的電風扇，放在房間一角，促使房內空氣流動。大扇片能促使大量空氣循環，有效消除溫差。我個人很喜歡 Lasko 公司生產的又輕又薄的箱型風扇。

第二名 象鼻型風扇

這種是沒有扇片的送風機，從導管釋出的風，會往正上方和正下方送。擺在空氣容易滯留的廚房，定點送風最有效果，因為沒有扇板，最適合有幼兒的家庭。

第四名 一般電風扇

這種電風扇已經是年代久遠的製品了。依使用方法不同，有機會取代第一名～第三名的製品，近來標榜能吹出自然風的心型電風扇，十分熱銷。

第三名 循環扇

以增進空氣循環為目的的機器。送風力比一般電風扇強，能將風送得更遠。若家裡有裝空調，可以將循環扇擺在地上，朝天花板吹，空調效果會更好。

第五名 塔式電風扇

長型電風扇。一般這類式塔式電風扇的機器運轉聲，比一般電風扇來的大，比較適合狹小空間。

木製陽台一定要做好防曬措施

前面一直探討關於空氣的話題，是該換換話題的時候了。近來十分流行「半開放式戶外空間」，也就是客廳直接連著戶外木製陽台的住宅設計。但夏天待在木製陽台，可是會飽受紫外線侵害。

木製陽台

赤腳走在木製陽台上，容易燙傷

我曾經測量過事務所外面的庭院，夏天木製陽台的表面溫度如下。

　木製陽台：59℃
　混凝土：47℃
　草坪：40℃

赫然發現木製陽台最熱?!實在不是待在上頭悠閒飲茶的溫度。

以前的住宅多會打造水池，恰巧與熱到發燙的木頭形成對比。這是有效活用水池的汽化熱作用，帶來涼風的設置。

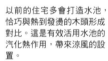

活動式遮陽棚

避免直接曝曬在陽光下的措施

木製陽台一定要做好防曬措施，像是活動式遮陽棚就是不錯的選擇【→117頁】。只要沒有直接曝曬在艷陽下的木頭表面溫度，與戶外溫度差不多，就可以安心地在陽台上活動了。

室內會用到水的地方

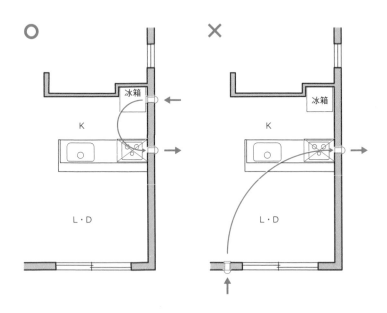

換氣功能做得好，舒適程度一定高

廚房、浴室、廁所等，都是室內會用到水的地方。這些地方
的共通點不僅是「會用到水」，而且大部分都會「裝設換氣
扇」。前面一再提到通風能消除室內溫差，以及換氣的重要
性，當然也要提一提室內會用到水的地方。將自然風活用到
極致，重視換氣的重要，活用換氣扇，絕對能讓室內環境變
得更舒適。

以前的水泥地超實用

以前的住居都是用爐灶料理三餐，所以會在屋內區隔出一處稱為「土間」（水泥地）的地方作為廚房。想想，其實這是頗為合理的做法。

有效控制熱氣與溼氣

料理時，一定會產生熱氣與煙（空污），也是對整體建築物產生不良影響的主要因素。半戶外式的「土間」（水泥地），天花板比其他房間來的高，形成熱氣能直接從建築物上方排出的構造，這是利用溫差與高低差，達到自然換氣的發想。

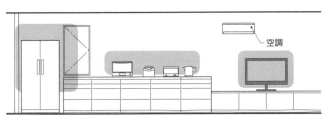

空調

實際案例

若換氣設計錯誤的話，根本無法靠一台空調解決熱氣滯留的問題

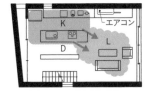

エアコン

K

D

L

熱氣與溼氣都跑到哪裡去呢？

反觀現代廚房多位於室內中央，也就是所謂「中島型」廚房。而且現代人常用的冰箱、電鍋、微波爐、烤麵包機、電暖器等，都是會製造熱氣與溼氣的家電用品。那麼，製造出來的熱氣與溼氣都跑到哪裡去呢？

打破對抽油煙機的完美迷思

現在一般家庭的廚房都會裝設「抽油煙機」，吸取料理食材時產生的空污，可說是一種非常便利的換氣扇。雖說如此，但抽油煙機的功效並非百分之百完美。

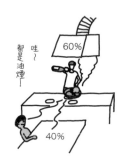

漏失 40％的油煙

抽油煙機有所謂「收集效率」，也就是能吸取到多少空污的數值。一般抽油煙機的收集效率為 60％左右，換句話說，剩下的 40％漏失充斥於室內……。

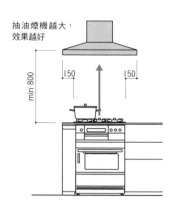

抽油煙機越大，效果越好

漏失的空污會帶來熱氣與溼氣，以下三種方法也許多少能減少一些污染。

拉近距離
盡量拉近爐火與抽油煙機之間的距離，但消防法規定不能低於 80cm 以下。

提高風速
提高吸入空污的風速。排出油煙的理想風速為 0.3～0.5m／s，選擇能夠滿足這條件的機種就對了。必要換氣風量則是依使用的瓦斯爐大小來決定。

圍住
只要圍住火源四周，便能防止空污擴散。四周開放的中島式廚房，當然是不太理想的設計，若不想再將風速提高 20％的話，爐火四周起碼要有一面靠牆，才能達到一定的收集效率。

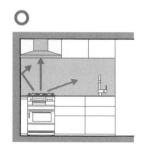

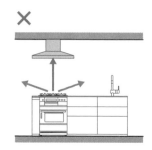

打造舒適的廚房環境

廚房是否舒適，絕對會影響整體建築物的舒適性。重點就在於「提升空氣品質」，也就是換氣、通風的工夫。

平面圖

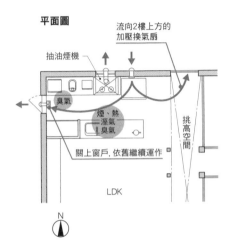

立面圖

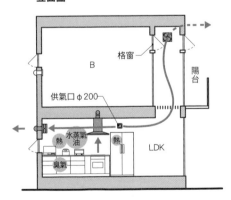

配置與窗戶的尺寸

若廚房的配置是以自然通風為考量，建議將窗戶設置在下風頭（一般是北側）。只要在下風頭處設置 600×600mm 左右的通風窗，便能達到自然通風效果。

供氣口與排氣口

因為抽油煙機的風量大，需要的外氣量也多。建議在抽油煙機附近裝設抽油煙機專用供氣口（直徑 150mm 以上），若一旁還放有冰箱，便能連同冰箱排放的熱氣一起排出。

家電用品的小小換氣扇

絕大多數擺在廚房的家電用品，使用時都會產生熱。開窗當然能夠排熱，但若關上窗戶時，建議在窗戶附近裝設小換氣扇，才能達到換氣效果。

浴室往西側移

浴室也是會使用到水的地方之一，因此當我思考什麼是「浴室所要追求的舒適性」時，曾想到無數個答案，但我最想提出的一點就是：「即便冬天，更衣室也不會寒冷」。

北側的浴室

南西側的浴室

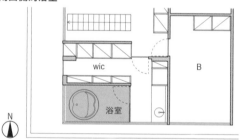

北側與西側的溫差差很大

以前的住居為了保存食物，還有避免食材發臭等問題，大多將會使用到水的地方設在北側。溫度較其他方位低的北側，冬天非常酷寒。可想而知，更衣室、浴室是家中唯一要裸身的地方，設置在北側是多麼的不合理。

12 月下旬～ 3 月下旬的室溫
（單層玻璃、東京都內）

位於北側，又有大片玻璃的浴室
室溫經常是 10℃以下
最低室溫幾乎與室外溫度差不多

位於南西側，設有窗戶的浴室
室溫經常是 15℃以上

這是根據我實際經手的案例，所測試出來的數據。雖然是比較極端的例子，但還是誠心建議避免將浴室設在北側，也不要用大片玻璃來設計。

浴室一定要裝換氣扇嗎？

關於浴室的換氣問題，其實不見得一定要裝換氣扇。只要在浴室
上方設置換氣用的小窗，便能達到良好的換氣效果。

浴室窗戶

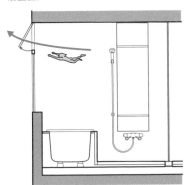

只要有 3,000cm² 就夠了
窗戶尺寸的標準為 3,000cm²
（假設風量為 200m³/h），就算
稍微小一點也沒關係。

廁所的窗戶，最好上下各裝一扇
同樣的，廁所的換氣也要以自然通風為目標。以前的廁所一
定會上下各裝一扇換氣用的小窗，這發想到現在也很適用。
但難免有太過酷寒，無法開窗的時候，建議裝設輔助用的換
氣扇。

廁所窗戶

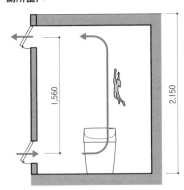

1,500cm² ×2
窗戶尺寸以上下各 1,500cm² 為
準。換氣量為 100m³/h，窗戶
的高低差為 1,500mm、室內外
溫差 1℃時，便能達到自然換
氣。

外走廊是
第四張王牌

最後來談談「外走廊」。其實再也沒有比儼然已成了「昭和風景」代名詞的外走廊，更合理活用自然力的空間設計了。我所經手的建案中，常有客戶希望我能不能想辦法加入外走廊的設計。

雖然通稱外走廊，但每個人對於外走廊的印象，恐怕或多或少有些差異。這裡所說的外走廊，是指位於屋簷下或小屋簷內側，屬於建築物的一部分，設有防雨板和外拉門的地方。若牆壁外側只鋪著木板，叫做「濡緣」（木板窗外的狹小平台），如同字面意思，就是擋雨用的外走廊。

試著列舉外走廊的優點。譬如夏天時，位於連結建築物內外位置的外走廊，可以有效阻止太陽輻射直接侵入屋內；或是在外走廊的外拉門掛上簾子之類的物品，便能有效隔絕強烈日照。當然打開外拉門，還能引進涼風。那麼，冬天又如何呢？相反的，冬天打開外拉門的玻璃，便能積極引入日照。若能像日光室，將外拉門上方的部分「屋頂」改成玻璃的話，便能引進更充足的熱能。

這麼說來，外走廊無疑是可攻可守的第四張王牌，為何如此便利的東西卻逐漸消失呢？其實這問題一點都不奇怪。

　　外走廊當然是設於南側為佳，若能設置一面約2X5m的玻璃，冬季晴天時，便能得到約1,000W/h的能量（以東京都來說），除了能引進溫暖的日照之外，若外走廊地板用的是蓄熱性高的材質（混凝土等），晴天或太陽下山後，蓄積的熱能還能讓室內溫暖。當然蓄熱的方式依季節、日照時間等條件的不同，有優點也有缺點，因此一般住宅要設置外走廊，的確不是件容易的事。我覺得外走廊其實是個很有意思的空間設計，有興趣的朋友，不妨也試著將外走廊納入住宅設計選項。

資料來源・計算基準

P-23 熱傳導率：《空氣調和・衛生工學遍覽第13版》（資料來源：空氣調和・衛生工學會）

P-25 物質溫度上升1℃是依以下的熱容量（kj／㎥・k）計算出來的。木材520、土壤1,100、混凝土1,900、空氣1.3。木材是以1小時。

P-26上 熱比率是依假設東京都內正在進行隔熱工程的木造住宅所計算出來的（來自人體的熱、換氣產生的外氣負荷、照明器具等的器具發熱除外）。熱貫流率K值如下：
屋頂、外牆、地板：0.5 [kcal/㎡・h・℃]、窗戶（單層玻璃）：5.5 [kcal/㎡・h・℃]窗戶（複層玻璃）：3.0 [kcal/㎡・h・℃]

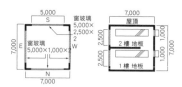

P-26下 玻璃性能：資料來源：
《建築設備設計基準》（日本國土交通省大臣關防官廳營繕部設備・環境課監修）

P-49、P-50上 各方位的玻璃輻射承受率是依東京都內木造住宅（7月23日這一天）所推算出來的，玻璃為單層玻璃。

P-50下 「防護」的遮熱性能是根據以下的遮光率（R）係數：簾子（R＝0.2）、鍍光薄膜（R＝0.8）、Low-E（節能低輻射玻璃）（R＝0.5）

P-52 玻璃的穿透、輻射負荷是依東京都內木造住宅所計算出來的：玻璃尺寸為25㎡，南側為7月23日下午0點，西側為7月23日下午16點的負荷，計算用的範例如圖。

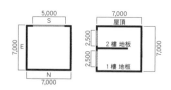

P-53 玻璃的性能是依以下的熱貫流率（kcal/㎡・h・℃）計算出來的：單層玻璃（5.1）、複層玻璃（3.0）、低輻射鍍膜玻璃（2.5）

P-56 發電電量的比率：「電源開發概要」資料來源：（資源能源廳）2009度實績

P-57上 各電源每1kWh的發電成本，是根據資源能源廳的白皮書《2010日本能源》所公布的資料。關於火力、核能、水力，則是根據「綜合資源能源調查會電力事業分科會成本等檢討小委員會」（2004年1月）所公

布的資料。至於風力、太陽能，則是根據綜合資源能源調查晦新能量部會中間報告（2009年8月）所公布的資料。

P-57下　各電源的發電量變遷狀況：資料來源為《2010能源白皮書》（資源能源廳），發電電量的變遷狀況（一般電力事業用）。數據部分則是根據《電源開發概要》、《電力供給計畫概要》（資源能源廳）所公布的資料製成。

P-61　發電機供電圖的資料來源：HOKUDEN官網「發電機供電實況資料」

P-66　耗電量的計算基準如下：假設3口型電磁爐，5,000W/h×1小時；空調是4坪大適用的機種，2.5kW、500W/h×12小時；照明是500W/h×6小時；冰箱是容量501公升型的冰箱，100W/h×24小時。

P-66、67　耗電量的計算基準如下：假設馬桶的保溫為50W/h×24小時；電暖爐的保溫為製造商公布的1天總耗電量；電腦是根據製造商公布的耗電量；DVD錄放影機則是根據一年總耗電量（＊）倒推計算。
＊一年總耗電量：資料來源《2010冬・省電性能目錄》（資源能源廳）

P-69　耗電量的計算方式如下：冰箱（501公升）、電鍋（5.5～8杯）、烘衣機、洗碗機、熱水瓶等家電用品中，假設電鍋、烘衣機、洗碗機等，只在23～7點之間使用所計算出來的。冰箱、電鍋、熱水瓶的電力是根據《2010冬・省電性能目錄》（經濟產業省資源能源廳）所公布的「一年總耗電量」。烘衣機、洗碗機的電力則是根據製造商每次公布的耗電量。

P-75　假設各房間的空調情況如下：LDK：5.0kW（AN50LHP/大金）、463kWh/期間。臥房：3.6kW（AN36LHS/大金）、309kWh/期間。孩童房：2.2kW（S22MTRXS-W/大金）、173kWh/期間×2。電風扇（中型）運轉49W、441Wh/天（9小時）×5台=2.2kWh/天。開空調的期間為3.6個月（6月2日～9月21日）（《2010冬・省電性能目錄》（經濟產業省資源能源廳）。

P-111　隔熱材的厚度是依以下熱傳導率計算出來的：隔熱材（壓式塑膠板2種b）的熱傳導率為0.034W/（m·K）、土壤（砂質）的熱傳導率為0.9W/（m·K）

P-135　木製陽台、水泥地、草坪的表面溫度是根據以下條件測定。測定場所：東京都練馬區，2009年7月15日15點測定，室外溫度為35.1℃（晴天）

後記

東日本大地震過後，倡導計畫性停電、節電等口號紛紛興起。那段時間，我常在想：「一旦停止供電，人們被迫中止一些活動，那麼，建築物又會變得如何呢？」在停止供電的情況下，電視、電腦等情報機器無法運作，也無法使用空調暖氣，於是被迫變得更暗、更冷的建築物究竟會變得如何？我想一向以設計為優先考量，裝設超高性能空調的建築物，勢必將面臨一番必要性的變革。當然，我對於自己的工作也有一番思考與警惕。

現在不少機構、單位均致力研究、實踐如何有效活用自然力的住宅。正因為現代人過度依賴空調之類的機械設備，才會對於這方面的議題如此關注，積極研究，但絕對沒有百分之百正確的方法論。就像日本各地古民家都有其特殊的屋頂形狀與空間設計，均與活用自然條件以及當地風土民情，有著莫大關係。因此一定要親赴現場，了解各地氣候風土、建地條件、特色等，用心傾聽自然的聲音，才能設計出真正舒適的好宅。

本書的目的就是想說明為何要活用自然力，設計住宅的「道理」。當然書中所言並非百分之百正確，若能讓讀者透過此書，對這議題產生興趣，進而逐步落實而有所助益，對我而言，真是莫大的喜悅與榮幸。若藉由此書，能讓您打消原本想加裝一台空調的念頭，或是減少使用空調的次數，都能讓我深感喜悅。

最後，我要由衷感謝幫本書繪製簡單明瞭又有趣的插圖，插畫家鴨井猛先生，以及負責版型設計的岡崎拓海先生，還有本書的編輯，x-knowledge的藤山和久先生，謹向諸位深表謝意。

　　在此，也要對東日本大地震的受災戶們，表達我由衷的慰問之意，祈禱祝福災區能早日回復往日榮景。本書部分版稅將透過日本紅十字會，作為東日本大地震愛心捐款。

住沒有空調的房子 [好評改版]

蓋房子必知的不依賴空調的法則，
活用科學知識、巧妙布局空間，
打造會省荷包的好房子！

作　　者	山田浩幸
譯　　者	楊明綺
企劃選書	徐藍萍、賴曉玲
責任編輯	賴曉玲
版　　權	黃淑敏、吳亭儀
行銷業務	周佑潔、華華、劉治良
總編輯	徐藍萍
總經理	彭之琬
事業群總經理	黃淑貞
發行人	何飛鵬
法律顧問	元禾法律事務所 王子文律師
出　　版	商周出版

台北市中山區104民生東路二段141號9樓
電話：(02) 2500-7008　傳真：(02)2500-7759
E-mail：bwp.service@cite.com.tw

發　　行　英屬蓋曼群島商家庭傳媒股份有限公司城邦分公司
台北市中山區104民生東路二段141號2樓
書虫客服務專線：02-25007718・02-25007719
24小時傳真服務：02-25001990・02-25001991
服務時間：週一至週五09:30-12:00・13:30-17:00
郵撥帳號：19863813　戶名：書虫股份有限公司
讀者服務信箱：service@readingclub.com.tw
城邦讀書花園：www.cite.com.tw

香港發行所　城邦（香港）出版集團有限公司
香港灣仔駱克道193號東超商業中心1樓 / E-mail：hkcite@biznetvigator.com
電話：（852）25086231 傳真：（852）25789337

馬新發行所　城邦(馬新)出版集團
Cité (M) Sdn. Bhd. (458372 U)
11, Jalan 30D/146, Desa Tasik, Sungai Besi, 57000 Kuala Lumpur, Malaysia
電話：（603）90563833 傳真：（603）90562833

封面 / 內頁	張福海
印　　刷	卡樂製版印刷事業有限公司
總經銷	聯合發行股份有限公司
地　　址	新北市231新店區寶橋路235巷6弄6號2樓

電話：(02)2917-8022　傳真：(02)2911-0053

■2014年4月29日初版
■2021年4月8日二版
定價／300元

國家圖書館出版品預行編目(CIP)資料

住沒有空調的房子：蓋房子必知的不依賴空調的法則,
活用科學知識、巧妙布局空間,打造會省荷包的好房
子![好評改版]/山田浩幸著；楊明綺譯. -- 二版. -- 臺
北市：商周出版：英屬蓋曼群島商家庭傳媒股份有限
公司城邦分公司發行, 2021.04 面；公分

譯自：エアコンのいらない家：自然のチカラで快適
な住まいをつくる仕組み

ISBN 978-986-477-993-2(平裝)

1.房屋建築 2.室內設計 3.綠建築

441.5　　110000785

哈哈，真的是這樣呢！

 好有趣。

 此外，雖然人們認為蜂毒是有害物質，而被蜂螫會死亡，但是這種明顯的過度反應，已不能算是過敏。由此可知，無論是外來物或病原體，只要有這種嚴重的過度反應，都不能稱為過敏。舉例來說，猛爆性肝炎、敗血症等就是免疫作用過度反應而使人致死的疾病。本來為了保護人體而運作的免疫反應，若嚴重地「過度反應」，即不稱為過敏。

 原來如此。沒想到原本要保護人體的免疫作用，嚴重地過度反應也會產生問題呢！

 過敏是指，對「本來認為無害的外來物」，產生「過度的免疫反應」呀。

過敏

是否為「本來無害」的物質。
人體是否有「過度」反應。

對花粉和灰塵產生反應而流鼻水　▶一般視為過敏

被蚊子叮到腫起來　　　▶一般不視為過敏

 就是這樣。

一般常見的過敏有花粉症、異位性皮膚炎（atopicdermatitis）、支氣管氣喘、食物過敏等。

咳咳

你們別忘了喔！過敏的機制原屬於正常的免疫反應。

好的！

接下來，我要用投影片說明。

超單聚焦

迷你直放型投影機

這個市面上有賣嗎？

無線

過敏的發病機制

Araragi Co. Ltd

照射

好棒的 CG 影像！這是阿拉爺製作的嗎？

哇

呵

這是我的公司為了行銷而製作的影像。

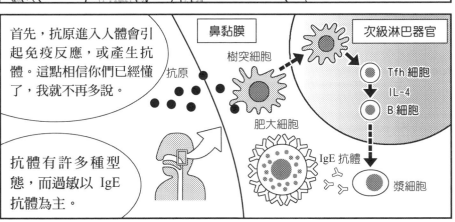

首先，抗原進入人體會引起免疫反應，或產生抗體。這點相信你們已經懂了，我就不再多說。

抗體有許多種型態，而過敏以 IgE 抗體為主。

鼻黏膜

次級淋巴器官

樹突細胞

抗原

肥大細胞

Tfh 細胞

IL-4

B 細胞

IgE 抗體

漿細胞

德井老師有教過 IgE 抗體（p.158），IgE 大多存在於皮膚和黏膜。

IgE 是石坂公成※老師發現的！

※石坂公成是著名醫學家，研究過敏的發病機制，他對免疫球蛋白（IgE）的發現有極大的貢獻。

呵呵，石坂同學真是家喻戶曉啊。

石坂公成
（1925 年～）

石坂同學嗎？

IgE 不存在於血液中……

大多存在於皮膚和黏膜，且大多黏附於肥大細胞的表面。

皮膚黏膜

肥大細胞

IgE 是 B 細胞製造的，怎麼不是呈現在 B 細胞的表面呢？

不是我～

這個問題不錯。這是因為 IgE 分子的基部，會與肥大細胞表面的受體結合。

B 細胞所釋放的 IgE，與肥大細胞表面受體結合，會變成右圖。

肥大細胞

IgE 抗體

FcεRI

肥大細胞

會變成受體組合啊，真是有趣。

我記得肥大細胞……園松老師教第二型免疫反應時有講過（p.174）。

第二型免疫反應

迅速腫脹　疼痛　立即消失

妳的記憶力不錯喔。肥大細胞裡面貯存了很多顆粒液泡。

若遇到抗原……

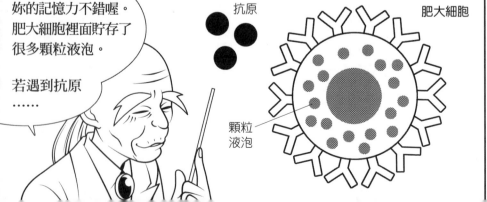

抗原

肥大細胞

顆粒液泡

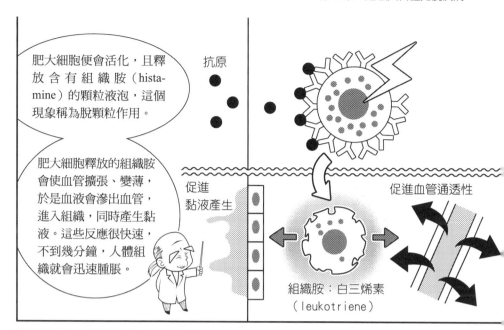

肥大細胞便會活化,且釋放含有組織胺(histamine)的顆粒液泡,這個現象稱為脫顆粒作用。

抗原

肥大細胞釋放的組織胺會使血管擴張、變薄,於是血液會滲出血管,進入組織,同時產生黏液。這些反應很快速,不到幾分鐘,人體組織就會迅速腫脹。

促進黏液產生

促進血管通透性

組織胺:白三烯素
(leukotriene)

這就好像人體若遇到寄生蟲,便會產生黏液,將寄生蟲洗掉,或是誘發搔癢感,誘導人類把把寄生蟲抓掉。

聰明!你抓到重點了。

多數過敏反應都與 IgE 有關,所以你們記得 IgE 即可。

但藥物過敏是屬於其他種免疫反應。

過敏反應只和 IgE 有關嗎?

金屬過敏則屬於 T 細胞的細胞性免疫反應。

我常聽到異位性皮膚炎，這和過敏不一樣嗎？

異位性皮膚炎是 IgE 引起的過敏，和過敏是一樣的。

我完全了解過敏的機制了，阿羅羅木老師！

這支影片真是了不起耶，但是用在這裡太浪費了！

浪費？

瞪

沒有啦，「浪費」是年輕人表示稱讚的流行語！

是「棒呆了」的意思！

搗嘴

喔，年輕人的流行語啊，我要記下來。

寫寫

喘 呼 呼

9-3✛什麼是自體免疫疾病？

接下來，我們來看自體免疫疾病吧，簡而言之，就是自己的免疫系統攻擊自己的身體。

是的！雖然很難，可是我喜歡。

我們先來看產生自體免疫疾病的機制。這一段有點難，不過你們應該已經有所覺悟了吧。

真是有趣的小女生啊。

呵呵

自體免疫是對自己身體產生的免疫反應，可見是「自體耐受性出現問題」。自體耐受性的運作機制是如何呢？

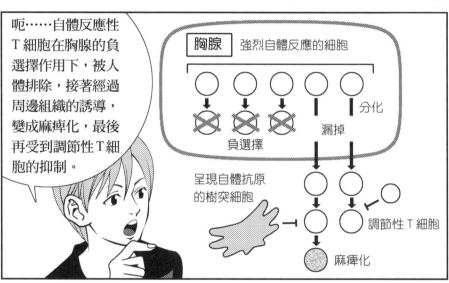

呃⋯⋯自體反應性T細胞在胸腺的負選擇作用下，被人體排除，接著經過周邊組織的誘導，變成麻痺化，最後再受到調節性T細胞的抑制。

胸腺　強烈自體反應的細胞

分化

漏掉

負選擇

呈現自體抗原的樹突細胞

調節性T細胞

麻痺化

嗯，沒錯。

過敏來自這些機制的運作不順暢嗎？

的確有一些免疫反應來自於機制的運作不順暢。

這樣解釋是比較容易懂啦，有些書也認為自體免疫反應是來自於「負選擇異常」或「調節性T細胞異常」。

不過！

不過？

自體耐受性的誘導機制功能不良，大多是特定基因異常所引起的，屬於遺傳性疾病，而這類原因只佔自體免疫疾病的一小部分。我們只能說，這是自體免疫疾病的本質。

＊自體反應性細胞的排除（負選擇）
＊麻痺化（又稱麻痺狀態）的誘導
＊調節性 T 細胞的抑制

↓

上述由功能不良導致的自體免疫疾病，並不常見

 咦？「自體免疫疾病就是自體耐受性出現問題」難道不等於「自體耐受性機制的運作異常」嗎？

 就算這些機制的功能正常發揮，還是會產生自體免疫疾病啊。這是後天免疫系統本身的缺陷。

 我還以為後天免疫系統的機制不會失常，沒想到竟然也會有缺陷呀。

高原老師應該教過你們吧（p.124），人體有許多自體反應性 T 細胞，人體若無異常，這些 T 細胞會乖乖的。

可是一旦發生感染，自體反應性T細胞便很容易活化。

自體反應性 T 細胞

看我的～

病毒

活化

竟敢在太歲頭上動土～

熊熊怒火

因為 B 細胞是受 T 細胞指揮的，所以當自體反應性 T 細胞活化，自體反應性細胞的排除機制鬆懈下來的時候，還會出現可以製造自體抗體的 B 細胞。

也就是說，活化的自體反應性 T 細胞出現後，自體抗體 B 細胞也會隨之出現。

9-4 ✧ 引起自體免疫疾病的機制

自體反應性 T 細胞和 B 細胞的活化過程是如何呢？

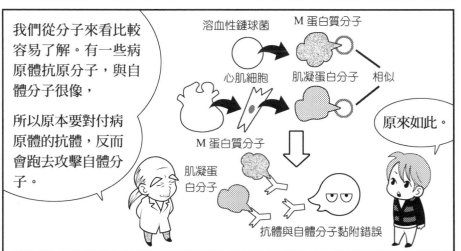

我們從分子來看比較容易了解。有一些病原體抗原分子，與自體分子很像，

所以原本要對付病原體的抗體，反而會跑去攻擊自體分子。

溶血性鏈球菌　　M 蛋白質分子

心肌細胞　　肌凝蛋白分子　相似

M 蛋白質分子

肌凝蛋白分子

原來如此。

抗體與自體分子黏附錯誤

如上所述，免疫反應正常運作，卻造成自體免疫反應的例子還有……
感染「溶血性鏈球菌」（hemolytic streptococcus）所引發的心肌炎。

溶血性鏈球菌所引起的扁桃腺炎

感染
1～3 週

心肌炎

溶血性鏈球菌的抗原，與心肌細胞肌凝蛋白（myosin）一部分的分子很相似。

再舉一個例子。吞噬了病原體的樹突細胞會被活化，再將病原體抗原呈現給 T 細胞，以活化 T 細胞。這你們都知道吧？

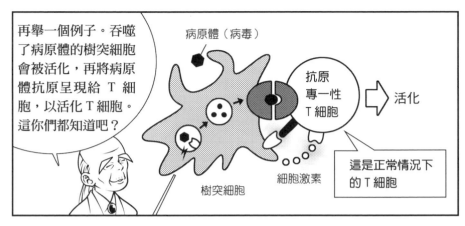

病原體（病毒）

抗原專一性 T 細胞 ⇨ 活化

細胞激素

樹突細胞

這是正常情況下的 T 細胞

我們第 3 堂課有學過先天免疫造成的活化（p.66）。

吞噬了病原體的樹突細胞會被活化，這個機制看起來沒問題，其實潛藏著陷阱。

咦？

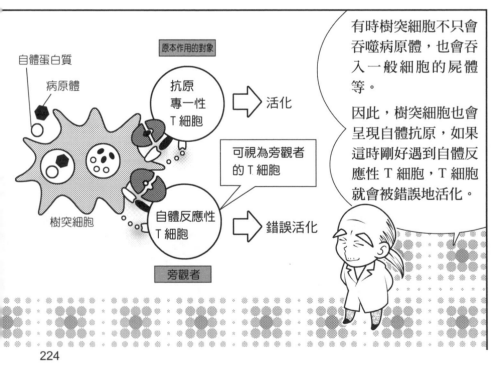

自體蛋白質

病原體

原本作用的對象

抗原專一性 T 細胞 ⇨ 活化

可視為旁觀者的 T 細胞

樹突細胞

自體反應性 T 細胞 ⇨ 錯誤活化

旁觀者

有時樹突細胞不只會吞噬病原體，也會吞入一般細胞的屍體等。

因此，樹突細胞也會呈現自體抗原，如果這時剛好遇到自體反應性 T 細胞，T 細胞就會被錯誤地活化。

9-5 ✦ 各種自體免疫疾病

在這一節，我要逐一介紹自體免疫疾病。

自體免疫疾病分為兩種類型，一種是各器官都會發生（全身性），一種是只發生在特定器官（器官專一性）。

全身性自體免疫疾病來自於人體全身都有的抗原，所引起的免疫反應。

器官專一性自體免疫疾病則是發生在特定的器官，大多數只攻擊特定的細胞，因此，與其說是特定的器官被攻擊，不如說是具有某些細胞的器官被攻擊。下圖列出各種代表性的自體免疫疾病（圖 9-1）。

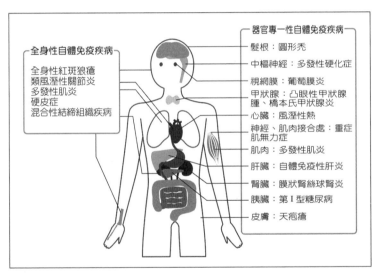

圖 9-1　代表性的自體免疫疾病

（引用河本宏的《了解更多！免疫學》，羊土社，2011，有部分改寫）

原來人體很多器官都會產生自體免疫疾病啊！

我們來進一步認識具代表性的自體免疫疾病吧！首先是全身性紅斑狼瘡（SLE），這是全身性自體免疫疾病的代表性疾病。

紅斑狼瘡的患者大多是年輕女性，患者臉上常出現蝶狀紅斑，還會出現發燒、肌肉痛、關節炎、肺炎、腎炎等症狀。造成紅斑狼瘡的原因是，免疫系統對細胞核的成分產生抗體，例如抗細胞核抗體或抗DNA抗體等。

如果對DNA形成抗體，抗體會去攻擊所有的細胞嗎？

不，抗體只會黏附細胞表面的分子，不會進入細胞，所以不會直接損害細胞。但細胞死亡，DNA便會露出來，此時如果人體內有抗DNA抗體，抗體會大量黏附於DNA，形成抗原抗體複合體，並在血液或體液中產生大分子團。這些分子團堆積於身體各處，就是引發全身性紅斑狼瘡的原因。

不是免疫作用直接傷害組織呢！

是的。再來舉一些器官專一性的例子吧。凸眼性甲狀腺腫（Basedow's disease）和重症肌無力症（myasthenia gravis），也是抗體作用於目標抗原所造成的疾病。

凸眼性甲狀腺腫又稱格拉偉斯病（Graves' disease），俗稱甲狀腺機能亢進。這種疾病來自於，人體產生對抗甲狀腺促進素受體的抗體（甲促素受體抗體）。一般來說，抗體的作用是阻礙目標分子，但有的抗體跟甲促素受體抗體一樣，會刺激目標分子產生作用。甲促素受體抗體會使甲狀腺持續受到刺激，造成過度分泌甲狀腺素。而甲狀腺素會促進代謝作用，因此凸眼性甲狀腺腫的症狀包括心跳數上升、流汗、體重減輕。

原來是人體產生的抗體，造成這些症狀啊。

荷爾蒙的生理活性是很強的，因此有人曾將甲狀腺素當作減肥藥呢，確實可快速達到瘦身效果喔。

甲狀腺素可以當減肥藥啊！哪裡買得到？

這種藥現在已經禁賣了，不過偶爾還是可在一些來路不明的減肥藥中發現甲狀腺素。鈴波啊，妳好像對這個很有興趣，可是減肥藥很危險，不能隨便服用喔。

對不起，我只是想要盡情地吃甜點，我不會亂吃減肥藥啦。

離題了。接下來，我們來看重症肌無力症吧。這種疾病起因於身體在神經與肌肉的交界處，產生了對抗乙醯膽鹼受體（acetylcholine receptor）的抗體，亦即乙醯膽鹼受體抗體，因而造成神經肌肉的傳導異常，導致眼瞼下垂、步行障礙等症狀。

自體免疫疾病的病因大多來自於自體抗體嗎？

是啊。因為自體免疫疾病大多會產生獨特的自體抗體，所以可當作診斷依據。可是，產生抗體已經是罹病的結果了，真正的病因仍然不明。

抗原抗體複合體大量堆積於人體組織，例如血管壁等，導致全身器官損害，一般稱為「膠原病」或「結締組織病」。「風溼性疾病」的意思與此大致相同，但還包括了非自體免疫的關節疾病，例如痛風和變形性關節炎。

啊，我明白了。

自體免疫疾病

對自己的身體產生免疫反應

器官專一性自體免疫疾病

凸眼性甲狀腺腫
橋本氏甲狀腺炎
天疱瘡
多發性硬化症

全身性免疫疾病

膠原病
自體免疫造成關節與肌肉等組織疼痛

全身性紅斑狼瘡
類風溼性關節炎
皮膚肌炎
硬皮症

風溼性疾病

關節、肌肉疼痛

痛風
變形性關節炎
感染性關節炎

圖 9-2 自體免疫疾病與風溼性疾病的關聯

是的！非常謝謝老師！

呵呵

今天的講課內容還可以嗎？你們都能理解嗎？

我今天得知公司取得了專利，還能和你們說說話，真是個好日子，適合喝好酒呢。

阿拉爺喜歡什麼酒？日本酒嗎？

是啊，我什麼酒都喝，但最喜歡的還是日本酒。

冰涼的吟釀酒也不錯，不過生酛酒（Kimoto）這種醇厚的酒燙過再喝，更讓人回味無窮呀。

哇！我最近剛好有嚐過美味的生酛酒喔，請告訴我哪裡有賣這種好酒！

喔，擇日不如撞日，我們現在一起去喝吧，反正已經下課了。你也一起去吧！

啊，好的。請讓我同行。

結果，大家都被鈴波牽著鼻子走了……

第 9 章　補充 | Follow Up

❖ **古典的過敏分類法**

過敏的一般分類，如**表 9-1** 所示。

表 9-1 過敏的分類

第 I 型過敏	指 IgE 抗體在數分鐘內引發即時反應，又稱為立即性過敏。
第 II 型過敏	起因是 IgG 抗體變成自體抗體，與自體細胞的抗原結合，而造成組織傷害。
第 III 型過敏	起因是由抗原、抗體、補體所形成的免疫複合物，隨著血液抵達組織，會刺激免疫系統，引起發炎，造成組織傷害。
第 IV 型過敏	指 T 細胞主導的細胞性免疫反應。

現在常見的過敏症狀主要是 IgE 抗體所引發的問題，屬於第 I 型過敏。而藥物過敏則包括第 I 型到第 IV 型過敏。另外，沾到油漆引起的皮膚紅腫反應，以及金屬過敏等接觸性皮膚炎，則屬於第 IV 型過敏。

以前把過度的免疫反應都稱為過敏，因此自體免疫疾病也歸納為過敏，例如第 II 型過敏即包括自體免疫性溶血性貧血、惡性貧血、橋本氏甲狀腺炎、圓形禿；第 III 型過敏則有全身性紅斑狼瘡（SLE）、急性腎絲球腎炎、類風溼性關節炎等；第 IV 型過敏則有格林-巴利症候群（Guillain-Barré syndrome）等。

現在我們已經不再將自體免疫疾病稱為過敏，所以不再稱為第 II 型、第 III 型、第 IV 型過敏疾病。新的科學研究證明，古典的過敏分類法已經過時。此外，從現代免疫學觀點來看這種分類，也會造成人們對免疫學的誤解。

❖ 衛生假說的爭議

1) 衛生假說只是一種假說

　　先進國家的過敏患者一般都會比較多，而衛生假說主張此現象的原因是「在髒亂環境中成長的人，不容易過敏。而在乾淨環境中成長的人，容易過敏」。從免疫機制來說，衛生假說主張「成長於先進國家的人，由於幼年時期感染細菌的機會比較少，導致 Th1 細胞較弱，Th2 細胞較強，因此容易過敏」。這樣的衛生假說似乎有很多證據支持，它根據某種流行病學研究的「假說」而成立，但是有些流行病學的研究卻否定了衛生假說，而且衛生假說無法以科學證實。

2) 其他可能的機制

　　先進國家過敏病例增加的原因，以異位性皮膚炎為例，應該是皮膚屏蔽機能降低（圖9-3）。這可能是因為現代人習慣開冷氣，使空氣變乾燥，再加上過度使用肥皂和清潔劑，使嬰幼兒的臉頰、脖子、手腕等皮膚變乾、變薄，塵蟎等抗原較容易入侵皮膚，人體為了應付這些可能的病原，只好製造IgE來因應，反而引起過敏。

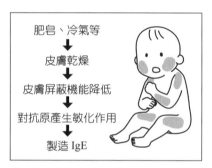

圖 9-3 皮膚屏蔽機能下降

　　食物過敏並不是起因於從皮膚入侵的抗原。雞蛋和牛乳若從皮膚進入，的確可能引起免疫反應，但是食用雞蛋和牛乳所引發的過敏症狀，則是因為誘發了耐受性（p.189）。所以我們也必須注意，不要讓食物沾在嬰幼兒的皮膚上。

　　會在成人時期發作的過敏，例如花粉症，則是起因於體內抗原量的增加。

❖ 過敏性休克

　　全身性的過敏反應又稱為過敏性休克，會引起氣管收縮或氣管腫脹，導致呼吸困難，甚至會使血壓降低，若不趕快治療，可能會在數小時內死亡，非常可怕（圖9-4）。

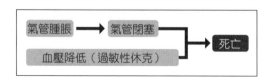

圖 9-4 致死的過敏性休克

❖ 過敏的治療

　　許多過敏疾病可以投予類固醇等免疫抑制劑。另外，如果知道是哪種抗原，也可使用抗原專一性治療法，或是避免接觸抗原、排除抗原。另一種剛好相反的方法是，使人過度暴露於有抗原的環境，誘導免疫耐受性，例如有一種食物過敏治療法稱為「積極專一的口服耐受性誘導療法」，就是讓病人在醫院積極攝取「抗原吸收良好」的食物，若治療得當，十天即可消除症狀。

❖ 其他自體免疫疾病

　　前文介紹了全身性紅斑狼瘡（Systemic Lupus Erythematosus, SLE）、凸眼性甲狀腺腫（格拉偉斯病）、重症肌無力症，此節將再介紹其他自體免疫疾病：

1) 類風溼性關節炎（rheumatoid arthritis）

　　主要症狀為關節病變，有時會伴隨發燒、肺炎、心膜炎等全身性症狀。嚴重的關節滑膜細胞發炎，甚至會破壞軟骨和骨骼（圖 9-5）。

2) 橋本氏甲狀腺炎（Hashimoto's thyroiditis，又稱慢性甲狀腺炎）

　　這是一種慢性自體免疫甲狀腺炎，指血液中異常高濃度的抗甲狀腺抗體，造成甲狀腺細胞發炎，使甲狀腺的功能降低，產生倦怠感、浮腫等症狀。

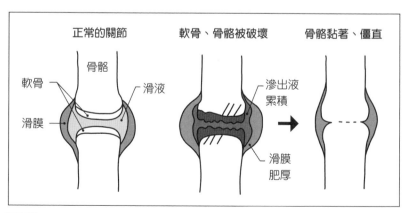

圖 9-5 類風溼性關節炎的骨骼變化

3) 第 I 型糖尿病

此指胰臟的胰島素合成細胞（β細胞）受到自體免疫反應破壞，所形成的糖尿病。此類患者的身體無法製造胰島素，必須透過注射胰島素，才能代謝攝入的葡萄糖，因此又稱為胰島素依賴型糖尿病。患者血中可偵測到代表自體免疫疾病的胰島細胞抗體，以及胰島素抗體。

4) 圓形禿（Alopecia areata）

常見於年輕人身上，是指頭皮出現直徑數公分的圓形缺髮區域，俗稱「鬼剃頭」。發病原因大多是壓力使自體免疫產生的抗體攻擊毛囊，通常會自然痊癒。

❖ 自體免疫疾病的治療

自體免疫疾病患者大多可以服用免疫抑制劑，例如類固醇劑。類風溼性關節炎則可服用抑制發炎性細胞激素的抗體製劑。不過這些治療方法會抑制整體的免疫作用，因此會產生副作用。我們只能期待抑制特定抗原反應的藥物上市，或是以抗原專一治療法，來排除特殊淋巴球。

❖ 不屬於自體免疫疾病的發炎性疾病

類肉瘤病（sarcoidosis）是指肺部、心臟、肌肉等器官組織，產生肉芽病變與發炎。克隆氏症與潰瘍性大腸炎主要是指會在小腸、大腸引起發炎與潰瘍的疾病。雖然它們會引起發炎，但通常不被視為自體免疫疾病。因為這些疾病，並不是對自體抗原產生反應，而是對不知來歷的外來抗原，產生了過度反應。

❖ 自體免疫疾病與HLA型的關聯

每個人的HLA有極大的差異，原因在於每個人對抗感染的過程都不同（p. 187），因此，是否容易感染特定病原體會因人而異。目前已知，特定的HLA型容易產生某種自體免疫疾病[※]，這是由於特定的HLA分子將某個自體抗原呈現出來。

※例如，體內有 HLA-B27 分子的人，容易罹患僵直性脊椎炎。

第 **10** 章

器官移植、再生醫學與免疫

免疫也再生吧！

第 10 堂課

十二月──免疫學對再生醫學的重要性

……以上是我的報告。

嗯,沒有看著稿子照唸,不錯,只是妳有點僵硬。

融會貫通報告內容,上台報告就會像說故事一樣流暢。

雷射筆要邊繞圈邊說明。

發表會馬上就到了,本研究所的相關人員都會參加,所以老師和研究生會全部出席喔。

拍桌

這是最後一堂課。我們來談談未來的免疫學發展……

器官移植與再生醫學。

哇,好緊張喔。

我對再生醫學很有興趣，今天的課真令人期待！

我先講器官移植吧！

10-1✛ 移植免疫學的原則

腎臟、心臟、肝臟、骨髓等移植，目前已是很普通的器官移植手術了。

器官移植通常是取腦死患者的器官，有時也會進行活體移植。

移植

園松老師有教過，接受外來器官移植的人體組織會產生排斥作用，主要是因為每個人的 MHC 分子都不同（p.186）。

你們知道為何 MHC 分子有多樣性嗎？

我想 MHC 分子的多樣性不是為了排斥移植器官，而是為了對抗感染，

為了不讓物種因感染而滅絕，才會產生 MHC 分子的多樣性，擴大免疫反應的範圍。

嗯，你很懂嘛。

表現出不同MHC分子的細胞會被免疫系統視為外來物。面對外來物，人體自然會產生免疫反應，也就是指，殺手T細胞會活化，或開始製造抗體。

我來說明什麼是移植免疫學的基本原則吧。MHC分子在小鼠身上，受到五個基因控制，而每個基因分別由來自母系和父系的兩組基因所組成。

我以兩種基因組合的小鼠來說明。一種是A/A組的親代小鼠，另一種是B/B組的親代小鼠，兩者交配所生下的子代，會變成A/B組（**圖 10-1**）。

因此我們有三種 MHC 基因的小鼠：A/A 組、B/B 組、A/B 組。我們來看此三種小鼠的皮膚移植狀況。提供皮膚的那一方稱為捐贈者（donor），接受移植的那一方稱為接受者（recipient），移植的組織稱為移植物（graft）。接受者有時又稱為宿主（host），如**圖 10-2**。

皮膚若從 A/A 移植到 A/A，移植物（亦即皮膚）即可存活。這點你們沒問題吧（**圖 10-3**）？

皮膚若從 A/A 移植到 B/B，就會被排斥。

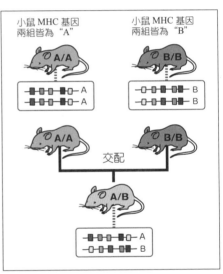

小鼠 MHC 基因兩組皆為 "A"　　小鼠 MHC 基因兩組皆為 "B"

交配

圖 10-1 MHC 基因組合

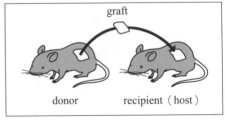

graft

donor　　recipient（host）

圖 10-2 移植的捐贈者與接受者

是，當然。

 假設我們要把皮膚從 A/A 移植到 A/B，會怎樣呢？移植物 A/A 與宿主 A/B 一樣，都擁有 A，所以宿主不會產生免疫反應，移植物可在宿主身上存活。

 原來如此，是這樣啊。

 接著，我們來看從 A/B 移植到 A/A 的情形。移植物 A/B 含有 B，但宿主沒有 B，所以會產生排斥的免疫反應。

 嗯，不難懂呢。

 這就是移植免疫學的原則，稱為移植法則（the law of transplantation）（圖 10-3）。

 我以為很難，其實不會嘛。

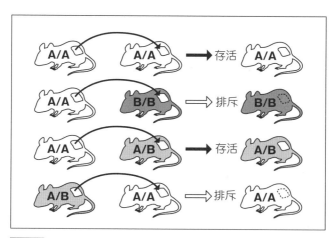

圖 10-3　移植法則

10-2❖ 移植物的T細胞會攻擊宿主

接下來要講的是器官移植的關鍵。

捐贈者A/A小鼠的T細胞，移植到宿主A/B小鼠身上，會發生可怕的事。A/B小鼠宿主不會排斥A/A捐贈者的T細胞，但A/B小鼠宿主的B，對於A/A捐贈者的T細胞來說是外來物，因此移植物的T細胞會開始攻擊宿主，使宿主死亡，亦即移植物打敗了宿主，稱為移植物抗宿主病（Graft Versus Host Disease，GVHD），如**圖 10-4** 所示。

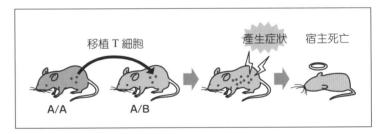

圖 10-4 移植物抗宿主病（GVHD）

原來捐贈者的T細胞打敗宿主，就會造成問題啊。

我還以為是移植物被宿主排斥呢！原來剛好相反。

是啊。以前有過輸血數日後，病人卻身體紅腫而死的案例，大約一千個輸血案例中會有一例。

後來人們才發現原因是輸入血液的T細胞產生了作用。把A/A小鼠的血輸入 A/B 小鼠體內，也會出現這種情形。因此，現在輸血前，血液都必須先經過放射線照射，把T細胞殺死。

10-3✦ 次要組織相容性抗原

　基本上，器官移植必須克服MHC分子所引發的免疫反應。人類的 MHC 分子稱為 HLA（人類白血球抗原，請參考 p. 186）。HLA 的基因位於人體第六對染色體（染色體是成對的，一條來自父親，一條來自母親）。

　HLA必須一致才能進行器官移植嗎？

　HLA不可能完全相符，因為捐贈者很難找。不過，只要服用免疫抑制劑，腎臟、心臟、肝臟等器官即能移植。
HLA若完全一致，理論上不會出現排斥情形，但其實並非如此。

　為什麼？

　組織器官不只含有HLA分子，還有許多蛋白質分子，每個人的分子胺基酸序列都不同，還是會被免疫系統視為外來物抗原，而進行攻擊。這些分子統稱為次要組織相容性抗原（minor histocompatibility antigen）。
同卵雙胞胎的HLA分子和次要組織相容性抗原會完全一致，不會產生排斥問題。不過，畢竟同卵雙胞胎還是兩個不同的人，難免會發生排斥反應，因此還是要服用免疫抑制劑。

　次要組織相容性抗原的問題，現在已經解決了嗎？

　各種蛋白質都可能成為次要組織相容性抗原。但器官移植的事前檢驗，無法分析所有的DNA序列，因此目前的次要組織相容性抗原研究並不完全，即使透過基因序列分析，找到不一致的基因，我們也無法了解基因與抗原作用的關係。

10-4❖ 什麼是再生醫學？

這一節我們要談的是再生醫學。這與器官移植不同，不是移植非自體的組織器官。

器官移植有一些問題，例如器官來源不足、捐贈者篩選困難，以及道德倫理的爭議等。

無解

所以，我們需要**再生醫學**！

再生醫學是讓受了外傷或感染疾病的受損人體組織，經過組織再生進行修補的醫療。

再生醫學主要是指組織再生，所以人工關節、人工心臟都屬於再生醫學的範疇。

ES 細胞

ES 細胞（embryonic stem cells，胚胎幹細胞）是再生醫學最受矚目的材料。

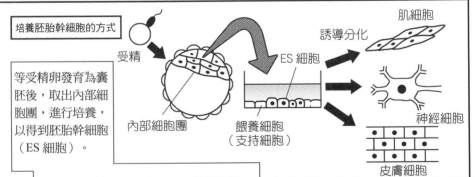

培養胚胎幹細胞的方式

受精　內部細胞團　餵養細胞（支持細胞）　ES 細胞　誘導分化　肌細胞　神經細胞　皮膚細胞

等受精卵發育為囊胚後，取出內部細胞團，進行培養，以得到胚胎幹細胞（ES 細胞）。

幹細胞在某種培養條件下，可持續增殖。若以特殊的條件來培養，即可分化為身體的各種細胞，稱為誘導多功能性幹細胞（induced pluripotent stem cells, iPS 細胞）。

不過，幹細胞依然會產生免疫問題，因為無法培養出與患者相同的 HLA 細胞。另外，受精卵來源也可能造成道德倫理的爭議。

早期的研究方式是細胞核轉移（nuclear transfer），是將體細胞的細胞核注射到捐贈者的去核卵子中，形成性幹細胞，藉此規避道德倫理問題。

這是一九六二年英國科學家約翰‧戈登（John Gurdon）的研究。

啊，我知道！是二〇一二年的諾貝爾獎得主。

沒錯。他最早的實驗是，取出蝌蚪小腸上皮細胞的細胞核，移植到去核的未受精卵。

呱

使細胞核轉移而成的卵，發育成青蛙。這是一九六二年的實驗，距今已很久遠。

雖然青蛙的實驗成功了，但哺乳類的實驗卻一直不成功，直到一九九七年才運用細胞核轉移技術，成功培養出桃莉羊※。

※桃莉羊已經過世，現已製成標本。

利用這種細胞核轉移技術培養出來的動物，稱為複製動物。

這種複製生命的技術，立刻受到世人的矚目。

使用這個技術來醫療，即可將患者的體細胞製成幹細胞，再進行各種醫療。

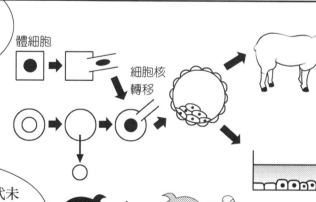

體細胞

細胞核轉移

以體細胞的細胞核取代未受精卵的細胞核，經過培養，即可製成幹細胞。

太酷了！

不過，卵子的使用有時會引發道德倫理的爭議。

而且二〇〇五年公布的研究報告，用以證明「利用細胞核轉移技術，可成功培養幹細胞」的實驗數據，很快就被揭發為不實數據。

因此，幹細胞的研究目前仍停滯不前。

10-5✦ iPS 細胞的出現

人體的細胞有幾百種，每一種細胞的基因都一樣，但每種細胞的功能卻不一樣，非常不可思議！

分化完全的細胞會表現哪種基因、不表現哪種基因的調控是固定的，因此不會變成其他種細胞。

我們來想想細胞核轉移的意義吧。

將細胞核轉移到未受精的卵，使原本的體細胞核，變成幹細胞的細胞核……

使細胞核 DNA 的基因表現被重新編寫，變成初始狀態。

這稱為「重新編程」。

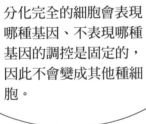

淋巴球　　　　神經細胞

經過培養也不會變成其他種類的細胞。

皮膚細胞

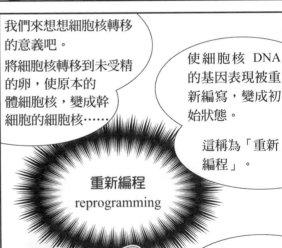

重新編程
reprogramming

意思是狀態被編寫、替換了。

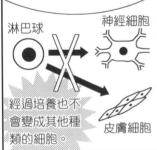

但是！

換個角度來看，這代表卵子或受精卵的細胞質裡面，存在著某些因子，可使 DNA 重新編程。

如果我們知道這些因子，就能夠加以利用，讓體細胞重新編程。

有許多科學家著手進行此項研究，其中最著名的是二〇一二年獲得諾貝爾獎的山中伸彌醫師。

耶

好厲害！

二〇〇六年，山中伸彌擔任日本京都大學再生醫學研究所的教授，他的研究團隊成功培養出 iPS 細胞。

他培養小鼠的皮膚細胞，表現出四個轉錄因子（Oct3/4、Sox2、Klf4、c-Myc），且發現此細胞可轉變成與胚胎幹細胞相同的細胞。

二〇〇七年，他將人體皮膚細胞，成功誘導成幹細胞。

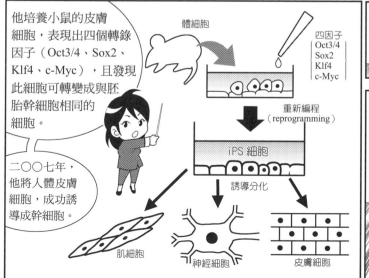

體細胞

四因子
Oct3/4
Sox2
Klf4
c-Myc

重新編程
（reprogramming）

iPS 細胞

誘導分化

肌細胞

神經細胞

皮膚細胞

就是這四個因子啊！

他的研究重點不是如何利用幹細胞，而是怎樣利用其他來源的細胞，培養出幹細胞，消除了再生醫學的限制。

所以iPS細胞能再生成人體的所有組織嗎？

 理論上，iPS細胞可分化為身體的所有細胞，但其實還是會受到體外分化誘導技術的限制。

目前人們無法將iPS細胞培養成器官，這仍是個難以企及的夢想。現在的iPS細胞培養可得到分離的細胞群和細胞團，正在進行臨床實驗。其中，神經細胞、視網膜色素上皮細胞、心肌、胰臟的胰島素分泌細胞、軟骨、肝細胞等研究，都有長足的進步。

 有夢最美啊！

 iPS細胞除了可以當成再生醫學的材料，還有其他用途喔。例如，取出健康成人或病患體內的體細胞，得到iPS細胞，即可轉變成心肌細胞，用於測試新藥物的藥效與安全性（圖10-5）。

 哇，這麼進步啊！

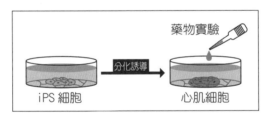

圖 10-5 利用 iPS 細胞開發新藥

 另外，還可以應用在建立疾病模式的研究。利用阿茲海默症患者的細胞，培養出 iPS 細胞，再將 iPS 細胞分化誘導為組織，便能夠重現病理狀態，藉此研究阿茲海默症的病因。因此，iPS細胞對於發病機制的研究和藥物開發，都有很大的幫助。

10-6❖ iPS 細胞銀行化的構想是以移植法則為基礎

如果再生醫學的發展突飛猛進,我們是不是就能把自己的細胞,變成多功能性幹細胞,達到長生不死啊?

可以這麼說,不過實際上還是有許多問題。例如,把每個病患的細胞都培養成iPS細胞的目標,在醫療上不一定能實現。

咦!為什麼?

舉例來說,燒燙傷和脊髓損傷等需要把握時間的治療,等到患者的iPS細胞培養出來時,可能已過了治療期限,而且此方法的成本過高。如果每個病患都培養iPS細胞,醫療費用會變得很龐大。

這該怎麼辦呢?

所以現在的研究人員已經在培養各種 HLA 型的 iPS 細胞,以建立細胞銀行。

咦,等等!HLA 型 iPS 細胞不是因人而異嗎?要數千人甚至數萬人才可能有一個相同的HLA耶,我們要培養這麼多種iPS細胞嗎?

嗯,你的問題不錯,不過請回想移植法則,把 A/A 移植到 A/B 是可存活的。
所以兩組基因都相同的人,例如 A/A,可把他們的細胞拿來製造iPS細胞,A/B的人也能使用。

原來如此。

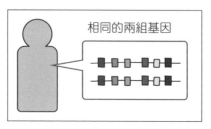

相同的兩組基因

圖 10-6 HLA 單倍體純合子（haplotype homo）

單組基因稱為單倍型（haplo type）。兩組基因都一樣，稱為純合子（homo）。因此，兩組 HLA 基因都一樣，稱為 HLA 單倍體純合子（**圖 10-6**）。

以日本來說，只要完成一百四十種的 iPS 細胞，就能供 80% 以上的人使用。

山中深彌老師將這種機制稱為 iPS 保存庫（iPS stock）。

原來如此，很了不起的構想呢！

iPS 細胞的優勢原本是來自於「用自己的體細胞建立」，但這個計劃是用他人的細胞啊，若次要組織相容性抗原不合，即使 HLA 一致，還是會產生排斥作用。

沒錯。所以患者必須持續服用免疫抑制劑。可是，我相信未來會研發出更好的免疫抑制法。目前再生醫學已經邁進 iPS 細胞的時代，相信免疫學的地位會越來越重要。

免疫學真是前途無量！

小維會繼續在這裡做研究，但今天是我在這裡的最後一天……

我們的課程到此結束！

拍手
拍手

大家辛苦啦！

天下沒有不散的筵席。鈴波，妳畢業以後也要加油，實現當科普作家的願望！

如果妳有關於免疫學的問題，歡迎隨時來實驗室問我們。

妳和我們實驗室的宅男都很聊得來呢！

好的！
我一定會常常來！

下週就是發表會了，本系教職員和研究生會全體參加喔。

喔，我差點忘記這件事。

啊——
好緊張。

不要一直講啦，害我都跟著緊張起來。

緊張是好事啊，加油、加油！

第 10 章　補充 | Follow Up

❖ 對移植物產生的免疫反應

移植物與宿主的MHC分子不同，為何會被排斥呢？外來物蛋白質分子進入人體，免疫系統當然會發揮作用，樹突細胞會吞入MHC蛋白，將胜肽鏈呈現給T細胞，進而活化T細胞，最後產生排斥或攻擊等免疫作用。同一種屬的不同個體進行移植，稱為同種異體（allo-）；這種移植會因為抗原性的不同，而產生由樹突細胞誘導的免疫反應；此免疫反應屬於同種異體抗原MHC分子的間接辨識，包括細胞性免疫的作用，以及體液性免疫的作用。

此外，由於移植物細胞表面呈現的MHC分子與接受者的細胞不同，因此接受者的T細胞會直接被活化。人體的T細胞大約有 10%會出現這種同種異體反應性，直接辨識同種異體抗原MHC分子（圖 10-7）。這種T細胞的反應既迅速又強烈。

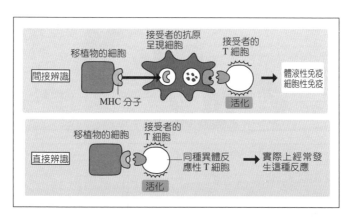

圖 10-7　同種異體抗原 MHC 分子的間接辨識與直接辨識

❖ iPS 細胞的問題

對未來的再生醫學來說，iPS細胞極具潛力，然而它仍有一些待解決的問題。第一個問題是，iPS細胞具有類似癌細胞的特性，因此受誘導的組織中不能夠殘留iPS細胞。

248

第二個問題是，iPS細胞只解決了ES細胞的一部分道德倫理問題。舉例來說，以體組織誘導iPS細胞，製造出類似胚胎的胚胎體（embryoidbody），可能會引發關於生命尊嚴的倫理道德問題。另外，現在科學家還在研究如何將iPS細胞誘導分化為精子、卵子，若這項技術繼續發展，未來也許可以用女性體細胞製造精子，造成性別錯亂。

❖ 應用 iPS 細胞技術的癌症免疫療法

最後，我要介紹我的研究室正在進行的研究。

1) 現行免疫療法的限制

癌症患者的身體產生對抗癌症的免疫作用時（參照第 8 章），體內的殺手T細胞也會出現活化、數量增加的現象，不過這些T細胞大多會麻痺化。現在的癌症免疫療法是以疫苗刺激少數的活化殺手T細胞，或是透過體外技術，使殺手T細胞增量，再輸回人體。這類增量的殺手T細胞具有T細胞的作用，但人工活化的T細胞壽命比較短，無法持續抵抗癌症（圖 10-8）。

2) iPS 細胞應用技術：用淋巴球製造 iPS 細胞

由於人工增量的活化T細胞壽命較短，因此產生了應用iPS細胞技術的構想：取出癌症患者具有癌症抗原專一性的殺手T細胞，誘導產生iPS細胞，因為T細胞受體基因已經重組（參照第 5 章），所以此iPS細胞會承繼重組的T細胞受體基因。

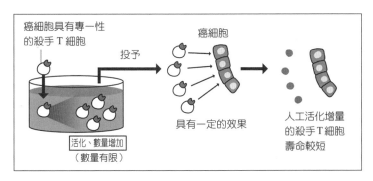

圖 10-8　目前的免疫細胞療法（效果有限）

利用 iPS 細胞技術所誘導產生的殺手 T 細胞，會表現可辨識相同癌細胞抗原的 T 細胞受體。也就是說，這些 T 細胞都能攻擊癌細胞，而且 iPS 細胞可無限量生產年輕又有活力的細胞。

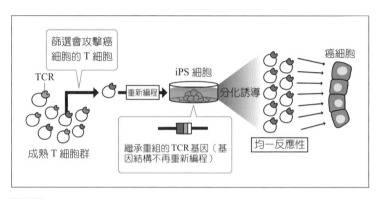

圖 10-9 利用 iPS 細胞技術，製造癌症抗原專一性 T 細胞的概念圖

3) 人類的癌症抗原專一性 T 細胞已成功增量

　　二○一三年，我的研究團隊利用會對人類癌症抗原產生反應的殺手 T 細胞，製作出 iPS 細胞。我成功地利用此 iPS 細胞，大量製造針對同一種癌症抗原的殺手 T 細胞（圖 10-10）。此研究若持續發展，我相信可造就嶄新的癌症治療技術。

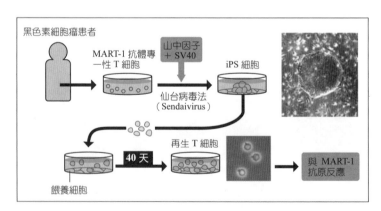

圖 10-10 將癌症抗原反應性 T 細胞，製作成 iPS 細胞，以製造殺手 T 細胞的過程（Cell Stem Cell, 12:31, 2013）

比起醫學，我更有興趣將免疫學應用於生命科學，因此我很榮幸能到高原老師的研究室接受指導。

在這裡不僅可以做研究，還可參與各位老師的授課，讓我體會到免疫學的博大精深。

下個年度我將繼續在高原老師的研究室當研究生，請各位老師多多指教！

三江路同學、鈴波同學，最後請說一說你們的感言吧！

喔，好的！

我知道有許多諾貝爾得獎者是免疫學家，因此在虛榮心的驅使下，我選擇到高原老師的研究室做畢業論文。

我在高原老師的研究室做了非常有趣的實驗，也上了許多課。

我非常感動，免疫學竟然有這麼複雜的機制！我已經決定去出版社上班，但我希望我的工作能將科學有趣的一面，傳遞給大眾。

哇

嗯！我們有這樣的年輕人，相信免疫學的未來會更加光明。

沒辦法，我們繼續觀察他們吧。

喔！看來你很欣賞他們嘛。

哼

拜託，誰曉得！只不過是小屁孩，還早得很吧！

真是嘴硬。快點，大家都走了啦！

好！我們一起去吃飯吧！

太好了！德井老師要請客！

應該是教授請客吧。

HAHAHA

Today 是不醉不歸吧～

再見啦！老爺爺！

〈結束〉

254

■參考書籍
河本宏,《了解更多!免疫學》,日本羊土社,2011 年。
桂義元、河本宏、小安重夫、山本一彥編,《免疫事典》,日本朝倉書店,
2011 年。

河本宏研究室簡介

若想了解河本宏研究室的研究內容、研究室樣貌,請參
考日本京都大學再生醫科學研究所、再生免疫學領域的
河本宏研究室網頁。
http://kawamoto.frontier.kyoto-u.ac.jp/index.html

作畫:河本宏,「人類研究者與小鼠研究者」,2007 年。

本書出現的各種細胞

T 細胞

由骨髓移往胸腺的前驅細胞,會在胸腺中發育成T細胞,接著移出,進入血液,分化為以下各種細胞。T細胞可殺死感染病原體或細菌的細胞,亦可促進B細胞和吞噬細胞的作用,具有多種重要的免疫功能。

分化,開始運作!

自我反應性T細胞被負選擇排除 ························· 111
受到適度刺激的T細胞被正選擇留下來 ················· 114
沒受到刺激的T細胞被排除——忽視所造成的死亡 ······ 116
在正常狀態下,T細胞被誘導為痲痺化(T細胞的去活化) 121

殺死你!

殺手 T 細胞

殺手T細胞
殺掉感染細胞 ··17
細胞性免疫 ··80
殺手T細胞以專一性抗原殺死感染細胞 ·····················90
輔助性T細胞與殺手T細胞的分化 ··············· 131
殺手T細胞與NK細胞的合作 ··············· 133
殺手系列細胞殺死細胞的方法 ··············· 134
「為何免疫監視機制不會作用?」 ··············· 199

找死幫忙!

輔助性 T 細胞

輔助性T細胞
輔助性T細胞結合抗原,使B細胞活化 ··············· 88
輔助性T細胞的抗原,使巨噬細胞活化 ··············· 89
輔助性T細胞與殺手T細胞的分化 ··············· 131
抗體的親和力成熟機制 ··············· 155
輔助性T細胞的分工 ··············· 171

調節性 T 細胞

調節性T細胞
「為了避免與抑制T細胞混淆,而稱為調節性T細胞」 ······ 123
調節性T細胞的調節機制 ································· 125

NK 細胞

在骨髓製造,現身於血液中,可殺死感染細胞或癌細胞。

NK 細胞

NK 細胞
會殺死細胞的細胞 ···58
殺手T細胞與NK細胞的合作 ··············· 133
殺手系列細胞殺死細胞的方法 ··············· 134
新發現的先天性淋巴球 ··············· 184

B 細胞

於骨髓發育成熟，再進入血液，接著受到 T 細胞刺激，即可製造抗體，使病原體活化。此外，亦可中和毒素。

B 細胞

B 細胞
抗體攻擊 …………………………………………………………… 17
B細胞受體釋放抗體 ……………………………………………… 38
體液性免疫 ………………………………………………………… 80
B細胞用B細胞受體（抗體）來捕捉抗原 ……………………… 86
自體反應性B細胞的麻痺化 ……………………………………… 122
抗體的親和力成熟機制 …………………………………………… 155

吞噬細胞

在皮膚或黏膜等待病原體，可吃掉外來物或人體的死亡細胞，並加以消化。樹突細胞會將吞入的抗原呈現給 T 細胞，嗜中性球（p.16）也屬於吞噬細胞。

巨噬細胞

巨噬細胞
吃掉病原體 ………………………………………………………… 17
吞噬受體（嚐味道的分子） ……………………………………… 56
促進吞噬作用的分子（增添味道的分子） ……………………… 57
細胞性免疫 ………………………………………………………… 80
巨噬細胞和癌細胞是好朋友 ……………………………………… 201

樹突細胞

樹突細胞
樹突細胞在皮膚或黏膜等待 ……………………………………… 65
樹突細胞吞噬病原體，往淋巴結移動 …………………………… 65
樹突細胞決定是否產生免疫反應 ………………………………… 66
樹突細胞活化輔助性T細胞 ……………………………………… 85
察覺病原體，啟動後天免疫 ……………………………………… 120
親和力成熟的機制 ………………………………………………… 153

其他細胞（自體細胞）

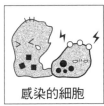

感染的細胞

58, 59, 80

肥大細胞

217, 218

癌細胞

195, 201

胸腺上皮細胞

111, 114, 116

索引

希臘字母

αβT 細胞 ············ 128, 188
αβT 細胞受體 ············ 128
γδT 細胞 ············ 128, 188
γδT 細胞受體 ············ 128

英文

A

affinity maturation ········· 148
AID ···················· 159

B

B 細胞 ···················· 16
B 細胞區域 ············· 144
B 細胞受體 ············· 38

C

C3 轉化酶分子 ········· 74
CAR ···················· 205
Chimeric Antigen Receptor 205
CD1d ···················· 188
CD20 ···················· 206
CD3 ················ 130, 205
CD4 ···················· 130
CD8 ···················· 130
CD80 ················ 98, 200
CD86 ················ 98, 200
c-Myc ···················· 243
CTLA-4 ···················· 200
C 反應性蛋白 ············· 57

D

DAMPs ···················· 63

death by neglect ········· 116

E

embryonic stem cells ······ 240
ES 細胞 ···················· 240

F

FAS ···················· 134
FASL ···················· 134
FcεRI ···················· 218
Fas Ligand ············· 134
Ficolin ···················· 74

G

GVHD ···················· 238
Graft Versus Host Disease（移
植物抗宿主病） ······ 238

H

HLA ················ 186, 239
HLA-A ···················· 186
HLA-B ···················· 186
HLA-C ···················· 186
HLA-DP ···················· 186
HLA-DQ ···················· 186
HLA-DR ···················· 186
human leukocyte antigen 186

I

IFN ···················· 75
Ig ···················· 129
IFNγ ···················· 182
IgA ···················· 146
IgE ···················· 146
IgG ···················· 146

IgM ···················· 146
IL-10 ···················· 126
IL-12 ···················· 182
IL-17 ···················· 177
IL-2 ···················· 182
IL-21 ···················· 183
IL-4 ···················· 182
IL-6 ···················· 182
ILC1 ···················· 184
ILC2 ···················· 184
ILC3 ···················· 184
Immunoglobulin ············· 129
iPS 細胞 ············ 240, 243
iPS 細胞銀行化 ········· 245
iTreg 細胞 ············· 179

K

Klf4 ···················· 243

L

LPS ···················· 61
Lti ···················· 184
lymphoid tissue inducer ··· 184

M

M1 巨噬細胞 ············· 176
M2 巨噬細胞 ············· 176
MHC 限制（MHC restriction）
115
MHC 分子 ············ 40, 93
M 細胞 ···················· 189

N

NALP3 ···················· 63
negative selection ········· 111
NK 細胞 ············ 58, 132

NKT 細胞 ················ 188
NLR ····················· 62
NOD-like receptor ········· 62
nTreg 細胞 ·············· 179
NOD 樣受體 ·············· 62

O

Oct3/4 ···················· 243

P

PAMPs ···················· 44
Pathogen Associated Molecular Patterns ···················· 44
PRR ····················· 44
Pattern Recognition Receptor 44
PD-1 ····················· 200
PD-L1 ····················· 200
positive selection ········· 114

R

Rag1 ···················· 128
Rag2 ···················· 128
reprogramming ············ 242
RLR ····················· 62
RIG-I-like receptor ········· 62
RIG-I 樣受體 ·············· 62

S

SLE ····················· 225
somatic hypermutation ··· 148
Sox2 ····················· 243
SPF ····················· 48

T

TCRβ 鏈 ················ 128
TCR 基因導入法 ········· 205
Tfh 細胞 ················ 177
TGF-β ·············· 126, 182
Th17 細胞 ················ 176
Th1 細胞 ················ 172

Th2 細胞 ················ 174
TLR ····················· 60
Toll-like receptor ········· 60
TLR4 ····················· 61
T 細胞 ················ 16
T 細胞區域 ················ 144
T 細胞受體 ················ 40

V

VLR ····················· 76
variable lymphocyte receptor 76
VLR-A ····················· 76
VLR-B ····················· 76

Z

Zap70 ···················· 130

中文

一劃

一型先天性淋巴球 ··· 184
一型免疫反應 ········· 175

二劃

人類白血球抗原 ···186, 239
二型免疫反應 ········· 175

三劃

干擾素（interferon）······ 75
上皮細胞 ·············· 109

四劃

支氣管氣喘 ············ 216
支持細胞 ········· 101, 240
中樞耐受性（central tolerance）···················· 108
分化 ···················· 19

五劃

可變區 ····················· 146
甲狀腺機能亢進 ········· 226
甲狀腺素 ················ 226
古典模式 ················ 132
正選擇（positive selection）···················· 114
白髓質 ················ 157
白血球 ················ 16
半抗原（hapten）······ 97
弗蘭克‧麥克法蘭‧伯內特 ···················· 46
巨噬細胞（macrophage）16
甘露糖結合凝集素（mannose-binding lectin）····· 74
凸眼性甲狀腺腫（Basedow's disease）···················· 226

六劃

同種異體 ····················· 248
同種異體抗原 MHC 分子 248
同種異體反應性 T 細胞 248
交叉抗原呈現（cross-presentation）···················· 94
血小板 ················ 16
再生醫學 ················ 240
自體耐受性 ········· 33, 104
自體抗原 ················ 34
自體免疫疾病 ······ 211, 214
自然抗體 ················ 160
先天免疫 ········· 14, 22, 52
全身性紅斑狼瘡（systemic lupus erythematosus）··· 225
全身性自體免疫疾病 ··· 225
多功能性幹細胞（pluripotent stem cell）···················· 240
多樣性 ·········· 27, 37, 104
自然殺手細胞 ············ 132
次級淋巴組織 ············ 20
次要組織相容性抗原（minor histocompatibility antigen）239

七劃

佐劑（adjuvant）········· 51
初級淋巴組織············ 20
作用細胞（effector cell）
················· 85, 150
克隆氏症（Crohn's disease）
···················· 232
抗 DNA 抗體··············· 226
抗細胞核抗體············· 226
抗菌胜肽················· 55
抗原··········· 11, 30, 44
抗原決定部位············· 46
抗原辨識區··············· 46
抗原呈現細胞············· 94
抗原專一性··········· 30, 37
抗原專一性的活化······ 84
抗原受體··············· 30
抗體··········· 17, 39, 45
抗體產生細胞············· 88
抑制 T 細胞（suppressor T cell）··············· 123
初始細胞（naïve cell）
················· 85, 150
初始輔助性T細胞······· 171
吞噬細胞··············· 17
吞噬體（phagosome）··· 58
利根川進··············· 106
吞噬受體··············· 56
免疫··················· 13
免疫監視機制············· 196
免疫記憶········· 36, 37, 150
免疫球蛋白（Immunoglobulin）········· 129, 157
免疫系統樹狀圖·········· 75
免疫細胞··············· 16
免疫抑制劑··············· 231

八劃

表位（epitope）········· 46
花粉症··················· 216
受體··················· 25
紅髓質（red pulp）····· 157
紅血球··················· 16

肥大細胞（mast cell）
················· 173, 217
周邊耐受性············· 108
受體（receptor）········· 25
受體修正··············· 117
非專一性抗原療法··· 203

九劃

後天免疫········· 14, 22, 43
重鏈（heavy chain）··· 146
重症肌無力症（myasthenia gravis）········· 226, 227
食物過敏··············· 216
約翰・戈登（John Gurdon）
···················· 241
前驅細胞··············· 19
恆定區（constant region）146
穿孔素（perforin）··· 134
胚中心··············· 149
負選擇（negative selection）
···················· 111
胜肽··················· 41
胜肽抗原··············· 93
風濕性疾病（rheumatic disease）··············· 227
疫苗（vaccine）······· 189
查爾斯・詹衛············· 71

十劃

捐贈者··············· 236
病毒（virus）········· 165
記憶細胞··············· 150
胸腺··················· 19
胸腺細胞··············· 109
胸腺髓質··············· 113
格拉偉斯病（Graves' disease）··············· 226
原核生物··············· 166
高內皮微靜脈（high endothelial venule）········· 143
骨髓··················· 19
真核生物··············· 166
真菌··················· 165

造血幹細胞········· 19, 131
桃莉羊··············· 241
病原體相關分子模式··· 44
益生菌（probiotics）··· 190
益菌生（prebiotics）··· 190
骨髓基礎性模式········· 132
被忽略所造成的死亡··· 116
脂多醣（lipopolysaccharide）
···················· 61
胰島素依賴型糖尿病··· 232

十一劃

異位性皮膚炎············ 216
麻痺化（anergy）······· 121
細胞株··············· 31
細菌··················· 165
細胞株增殖··············· 31
細胞激素（cytokine）
················· 60, 98
細胞激素網（cytokine network）··············· 184
細胞質內部受體········· 54
細胞性免疫··············· 80
細胞表面受體············· 54
細胞凋亡（apoptosis）··· 134
移植法則··············· 237
移植物··············· 236
移植物抗宿主病········· 238
移植免疫學············· 236
基因重組··············· 128
寄生蟲········· 165, 170
殺手T細胞··············· 17
第一型 MHC 分子（class I molecule）··············· 93
第二型 MHC 分子（class II molecule）··············· 93
第I型過敏··············· 229
第I型糖尿病··············· 232
第II型過敏··············· 229
第III型過敏··············· 229
第IV型過敏··············· 229
宿主··················· 236
剪接（splicing）········· 128
專一性··················· 27

專一性抗原療法 ········ 203
基因剔除小鼠（knockout mouse）··········· 50, 137
培氏斑 ············· 140, 190
淋巴液 ·················· 138
淋巴球 ············· 16, 143
淋巴結 ············· 19, 138
淋巴組織誘導細胞（lymphoid tissue inducer cell） 184
接受者（recipient）····· 236

十二劃

間質細胞 ·················· 154
惡性黑色素瘤 ············· 204
惡性腫瘤 ·················· 195
過敏性休克（anaphylaxis）··················· 230
過敏（allergy）··· 211, 214
嵌合抗原受體療法（chimeric antigen receptor）········· 205
單核球 ·················· 16
痛風 ·················· 227
單倍體（haplotype）··· 246
脾臟 ·················· 19
補體 ·········· 45, 55, 74
補體系統 ·················· 45
補體受體 ·················· 74
過繼性細胞免疫療法（adoptive cellular immunotherapy）··················· 204
替代途徑 ·················· 74

十三劃

圓形禿（alopecia areata）··················· 232
載體（carrier）········· 97
嗜中性球 ·················· 16
經典途徑 ·················· 74
腸道免疫 ·················· 189
裸鼠（nude mouse）··· 197
溶血性鏈球菌 ············· 223
瑞夫‧史坦曼 ············· 64

溶菌酶（lysozyme）····· 55
損害相關分子模式 ······ 63

十四劃

複製動物 ·············· 241
輕鏈（light chain）····· 146
輔助受體（co-receptor）··················· 130
適應性免疫 ·············· 14
輔助性T細胞··············· 81
誘導型調節性T細胞··· 179
圖庫 ··················· 31
種類轉換 ········· 146, 158

十五劃

衛生假說 ················ 230
調理素（opsonin）··············· 45, 57, 147
調理作用（opsonization）··················· 45
潰瘍性大腸炎 ·········· 232
選殖理論 ·················· 46
膠原病 ·················· 227
調節性T細胞（Regulatory T cell）··················· 123
模式辨識受體 ··········· 44
標靶藥物 ·············· 206

十六劃

整聯蛋白（integrin）··· 152
樹突細胞 ·················· 64
親和力成熟（affinity maturation）····················· 148
橋本氏甲腺炎 ·········· 231
輸出淋巴管 ··········· 144
輸入淋巴管 ··········· 144
凝集素（lectin）········ 57
凝集素途徑 ··········· 74
積極專一的口服耐受性誘導療法 ····················· 231

十七劃

癌細胞 ·················· 194
癌症胜肽抗原類疫苗 ··· 204
顆粒酶（granzyme）··· 134
趨化因子（chemokine）··················· 151
餵養細胞（feeder cells）··················· 101

十八劃

邊緣竇（marginal sinus）145
濾泡樹突細胞 ············· 154
濾泡輔助性T細胞·················· 154, 177

十九劃

關節炎 ····················· 227
類肉瘤病（sarcoidosis）232
類固醇 ·················· 231
類鐸受體（Toll-like receptor）····················· 60
類風濕性關節炎 ········· 231

二十三劃

體液性免疫（humoral immunity）····················· 80
髓質上皮細胞 ············· 109
體細胞超突變（somatic hypermutation）········· 148
纖網蛋白（fibronectin）····················· 152

■作者簡歷

河本宏

1961 年生於日本京都。1986 年京都大學醫學部畢業，經過三年內科研習，自 1989 年開始在京都大學醫院第一內科（現為血液腫瘤內科），由大學院輸血部伊藤和彥教授指導，進行基因治療的基礎研究。1994 年開始接受京都大學胸部疾病研究所（現為再生醫科學研究所）桂義元教授指導，開始有關血液細胞的系列決定過程，以及 T 細胞初期分化的研究。2002 年 3 月開始擔任理化學研究所‧免疫過敏科學綜合研究中心小組長。2012 年 4 月起擔任京都大學再生醫科學研究所‧再生免疫學領域教授。現除了進行血液細胞分化過程解析的基礎研究，也利用 iPS 細胞技術，進行再生 T 細胞製作的醫療研究。興趣為繪畫、插圖、樂團演奏、自然探索等。與工作夥伴組成樂團「Negative Selection」擔任吉他手。

主要著作：

《更加了解！免疫學》，日本羊土社。

■製作

株式會社 Becom plus

專門編輯醫學、理工系列書，2012 年自株式會社 Become 成立分公司。一手包辦企劃、編輯與製作，作品多為以漫畫和插圖來表現的書籍、雜誌等。

Tel：03-3262-1161 Fax：03-3262-1162 URL：http://www.becom.jp/

■作畫／塩崎忍
■劇本／河本宏
■封面設計／株式會社 Becom plus
■DTP‧編輯／株式會社 Becom plus

國家圖書館出版品預行編目(CIP)資料

世界第一簡單免疫學 / 河本宏作；卡大譯. -- 初
版. -- 新北市：世茂, 2015.12
面； 公分. --（科學視界；188）
ISBN 978-986-92327-4-6（平裝）

1. 免疫學

369.85   104021072

科學視界 188

世界第一簡單免疫學

作　　者／河本宏
譯　　者／卡大
主　　編／簡玉芬
責任編輯／石文穎
出 版 者／世茂出版有限公司
地　　址／（231）新北市新店區民生路 19 號 5 樓
電　　話／（02）2218-3277
傳　　真／（02）2218-3239（訂書專線）
　　　　　（02）2218-7539
劃撥帳號／19911841
戶　　名／世茂出版有限公司　單次郵購總金額未滿 500 元（含），請加 80 元掛號費
世茂官網／www.coolbooks.com.tw
排版製版／辰皓國際出版製作有限公司
印　　刷／世和彩色印刷股份有限公司
初版一刷／2015 年 12 月
　　四刷／2023 年 5 月

ＩＳＢＮ／978-986-92327-4-6
定　　價／320 元

Original Japanese language edition
Manga de Wakaru Men-eki-gaku
By Hiroshi Kawamoto, Shinobu Shiozaki and Becom plus
Copyright © 2014 by Hiroshi Kawamoto, Shinobu Shiozaki and Becom plus
Published by Ohmsha, Ltd.
This Traditional Chinese Language edition co-published by Ohmsha, Ltd. and
Shy Mau Publishing Group（Shy Mau Publishing Company）
Copyright © 2015
All rights reserved.